智能变电站

系统测试技术

主　编　何建军

副主编　徐瑞林　陈　涛

参　编　张友强　高　晋　黄　蕙　陈　力

钟加勇　刘祖建　李　杰　魏　甦　余红欣

王瑞妙　魏　燕　徐　鑫　周　平

中国电力出版社

CHINA ELECTRIC POWER PRESS

内 容 提 要

本书从智能变电站的主要设备出发，系统阐述了智能变电站的测试技术和测试流程。内容包括智能变电站的通信规约测试、系统网络性能测试，同时详细介绍了站控层、间隔层、过程层单体设备的测试内容和测试方法，并对保护系统、测控系统、计量系统和同步对时系统的测试方法进行了介绍。本书还结合工程实际，归纳整理了出厂集成联调的测试范例。

本书旨在规范测试方法，保证智能变电站的顺利投运和安全运行，对智能变电站的系统测试方法提供有益的参考，并为现场工程技术人员提供方法指导与技术参考。

图书在版编目（CIP）数据

智能变电站系统测试技术/何建军主编. —北京：中国电力出版社，2013.4（2015.6 重印）

ISBN 978-7-5123-3820-3

Ⅰ.①智… Ⅱ.①何… Ⅲ.①变电所-智能技术-自动化系统-系统测试 Ⅳ.①TM63

中国版本图书馆 CIP 数据核字（2012）第 299966 号

中国电力出版社出版、发行

（北京市东城区北京站西街 19 号 100005 http://www.cepp.sgcc.com.cn）

汇鑫印务有限公司印刷

各地新华书店经售

*

2013 年 4 月第一版 2015 年 6 月北京第二次印刷

710 毫米×980 毫米 16 开本 13 印张 204 千字

印数 3001—4500 册 定价 **32.00** 元

序

我国建设的智能电网是以特高压为骨干网架、各级电网协调发展，以高速通信信息平台为支撑，以信息化、自动化、互动化为特征的电网。在智能电网的整体框架中，智能变电站既是核心节点，也是提升电网智能化水平的关键。

智能变电站是变电站技术发展历程中的重大变革，集中体现在：一次设备智能化、二次设备网络化、设备信息模型标准化。随着IEC 61850标准、计算机网络技术的应用，智能变电站具备了顺序控制、状态检修和智能告警等功能，为变电站“运维一体化”和系统安全稳定运行奠定了基础。同时，传统的测试工具和方法已难以满足智能变电站建设的需要。因此，研究智能变电站系统测试技术对智能变电站建设、调试、运行维护具有重要的意义。

重庆市电力公司始终致力于智能变电站的测试技术研究，依托重庆市电力公司电力科学研究院智能二次系统综合性能评估实验室，全面开展了通信规约测试、变电站网络系统性能测试、信息安全测试、高级应用功能测试等工作，积累了较为丰富的经验。

希望本书的出版，能够为智能变电站相关工程技术人员提供参考，并有助于智能变电站系统测试技术的完善和发展。

重庆市电力公司
副总经理

前　言

智能变电站作为智能电网的重要组成部分，具有全站信息数字化、通信平台网络化、信息共享标准化和高级应用互动化等主要特征，正由研究试点阶段逐步走向全面推广应用。智能变电站三层两网的特有架构，使其与传统变电站在技术上有很大不同，尤其给站内的信息处理、应用模式带来了全方位的变化，并对二次系统的测试技术带来了深刻的影响。为此，亟待对智能变电站的测试技术进行深入阐述，以指导与规范工程应用。

本书从智能变电站的主要设备出发，系统阐述了智能变电站的测试技术。介绍了智能变电站的测试内容和测试流程，并对智能变电站的通信规约测试、系统网络性能测试方法进行了系统地阐述。同时，详细介绍了站控层、间隔层、过程层单体设备的测试内容和测试方法，并对保护系统、测控系统、计量系统和同步对时系统的测试方法进行了介绍。本书还结合工程实际，归纳了出厂集成联调的测试范例。

重庆市电力公司积极推进智能变电站建设，依托重庆市电力公司智能二次系统综合性能评估实验室，全面开展了智能站测试技术的研究和工程实践。在国家电网110kV杉树智能变电站、220kV龙荫智能变电站和220kV悦来智能变电站等工程测试过程中，理论联系实际，取得了较好的效果。本书将这些工程测试实例融入书中，旨在规范测试方法、保证智能变电站的顺利投运和安全运行，同时能对智能变电站的系统测试方法提供有益的参考，并为现场工程技术人员提供方法指导与技术参考。

本书由重庆市电力公司电力科学研究院编写，在编写过程中，得到了重庆市电力公司调控中心继电保护处、自动化处和设备厂商的大力支持与帮助。同时，还参阅了相关技术规范、参考文献和行业标准等。在此，对以上单位及相关作者表示衷心的感谢。

由于编写时间仓促，书中难免有疏漏和不足之处，恳请读者批评指正。

编　者

2012年12月

目 录

1 智能变电站系统概述

智能变电站系统是建立在数字化变电站系统之上的高级系统，就技术特点来说，它是数字化变电站的延续和发展，以一次设备参量数字化、标准化和规范化信息平台为基础，实现全站信息化、自动化、互动化。智能变电站技术给变电站内的信息处理、应用模式带来了全方位的变化。这种变化所体现的特征将更有利于实现信息的综合处理和综合应用，提高变电站系统的智能化程度，并对二次系统设计、试验、运行带来深刻的影响。

与数字化变电站相比，智能变电站更加智能化，但在智能电子设备的互操作性上还不能达到完全的实时互换，因此对智能变电站的一致性测试就显得十分重要。由于 IEC 61850《变电站网络与通信协议》系列标准的复杂性，其性能在网络异常时的未知性，以及保护、监控系统对实时性的严格要求等原因，很可能出现单独产品通过了测试，但放到系统中又不能通过测试的情况。

1.1 智 能 电 网

通信、计算机、自动化等技术在电网中的广泛应用，极大地提升了电网的智能化水平。传感器技术与信息技术在电网中的应用，为系统状态分析和辅助决策提供了技术支持，使电网自愈成为可能。调度技术、自动化技术和柔性输电技术的成熟发展，为可再生能源和分布式电源的开发利用提供了基本保障。通信网络的完善和用户信息采集技术的推广应用，促进了电网与用户的双向互动。随着各种新技术的进一步发展、应用并与物理电网高度集成，智能电网应运而生。同时，为实现清洁能源的开发、输送和消纳，电网必须提高其灵活性和兼容性。为抵御日益频繁的自然灾害和外界干扰，电网必须依靠智能化手段不断提高其安全防御能力和自愈能力。为降低运营成本，促进节能减排，电网运行必须更为经济高效，同时须对用电设备进行智能控制，尽可能减少用电消耗。分布式发电、储能技术和电动汽车的快速发展，改变了传统的供用电模式，促使电力流、信息流、业务流不断融合，以满足日益多样化的用户需求。电力技术的发展，使电网逐渐呈现出诸多新特征，如自愈、兼容、集成、优化，而电力市场的变革，又对电网的自动化、信息化水平提出了更高要求，因此智能电网终将成为电网发展的必然趋势。

坚强智能电网是以坚强网架为基础，以信息通信平台为支撑，以智能控制为手段，包括电力系统的发电、输电、变电、配电、用电和调度各个环节，覆盖所有电压等级，实现“电力流、信息流、业务流”的高度一体化融合，是坚强可靠、经济高效、清洁环保、透明开放、友好互动的现代化电网。

1.2 智能变电站

变电是电力生产的重要环节之一，智能变电站是智能电网的重要组成部分。所谓智能变电站，就是采用先进、可靠、集成、低碳、环保的智能设备，以全站信息数字化、通信平台网络化、信息共享标准化为基本要求，自动完成信息采集、测量、控制、保护、计量和监测等基本功能，并可根据需要支持电网实时自动控制、智能调节、在线分析决策、协同互动等高级功能，实现与相邻变电站、电网调度等互动的变电站。

1.2.1 智能变电站的内涵

智能变电站是比数字化变电站更先进的应用，智能变电站的重要特征体现为“智能性”，即设备智能化与高级智能应用的综合。

作为智能电网的一个重要节点，智能变电站以变电站一、二次设备为数字化对象，以高速网络通信平台为基础，通过对数字信息进行标准化，实现站内外信息共享和互操作，实现测量监视、控制保护、信息管理、智能状态监测等功能的变电站。具有“一次设备智能化、全站信息数字化、信息共享标准化、高级应用互动化”等重要特征。

1.2.2 智能变电站体系结构及要求

智能变电站分为过程层、间隔层和站控层。过程层包括变压器、断路器、隔离开关、电流/电压互感器等一次设备及其所属的智能组件以及独立的智能电子装置。间隔层设备一般指继电保护装置、系统测控装置、监测功能组主

IED 等二次设备，实现使用一个间隔的数据并且作用于该间隔一次设备的功能，即与各种远方输入/输出、传感器和控制器通信。站控层包括自动化站级监视控制系统、站域控制、通信系统、对时系统等，实现面向全站设备的监视、控制、告警及信息交互功能，完成数据采集和监视控制（SCADA）、操作闭锁以及同步相量采集、电能量采集、保护信息管理等相关功能。

站控层功能宜高度集成，可在一台计算机或嵌入式装置中实现，也可分布在多台计算机或嵌入式装置中。智能变电站数据源应统一、标准化，实现网络共享。智能设备之间应实现进一步的互联互通，支持采用系统级的运行控制策略。智能变电站自动化系统采用的网络架构应合理，可采用以太网、环形网络，网络冗余方式宜符合 IEC 61499《分布式工业过程测量与控制系统功能块标准》及 IEC 62439《工业通信网络与高可靠性自动控制网络标准》的要求。

1.2.3 高压设备智能化

高压设备是电网的基本单元。高压设备智能化（简称智能设备）是智能电网的重要组成部分，也是区别传统电网的主要标志之一。智能化的高压设备是附加了智能组件的高压设备，智能组件通过状态感知和指令执行元件，实现状态的可视化、控制的网络化和自动化。智能化的高压设备是一次设备和智能组件的有机结合体，具有测量数字化、控制网络化、状态可视化、功能一体化和信息互动化等特征。

随着一次设备智能化技术的不断发展，未来智能一次设备将逐步走向功能集成化和结构一体化，传统意义上一次、二次设备的融合将更加紧密，界限也将更加模糊。通过在一次设备内嵌入智能传感单元和安装智能组件，使得一次设备本身具有测量、控制、保护、监测、自诊断等功能，其将成为智能电力功能元件。通过数字化、网络化实现在智能变电站中的信息共享，每个设备采集的信息及其本身的状态信息都可以被网络上的其他设备获取。

总的来说，一次设备智能化技术不仅是测量技术与控制技术的革新，对变电站设计、电网运行乃至一次设备本身的发展都有重大影响。智能一次设备的应用，将使整个变电站向着更加简约、可靠和智能的方向发展。

1.2.4 二次设备网络化

智能变电站可以通过网络机制实现二次设备网络化信息交互，为变电站网络化二次系统各种应用功能的实现提供根本的技术支撑。

变电站内常规的二次设备，如继电保护装置、防误闭锁装置、测量控制装置、远动装置、故障录波装置、电压无功控制、同期操作装置以及正在发展中的在线状态检测装置等全部基于标准化、模块化的微处理机设计制造，设备之间的连接全部采用高速的网络通信，二次设备不再出现常规功能装置重复的I/O现场接口，通过网络真正实现数据共享、资源共享，常规的功能装置在这里变成了逻辑的功能模块。

1.2.5 智能设备与顺序控制

为能实现高压设备的智能化操作，宜采用顺序控制方式。所谓顺序控制，是指通过监控中心的计算机监控系统下达操作任务，由计算机系统独立地按顺序分步骤地实现操作任务。全站所有隔离开关、接地开关防误操作方式为：远、近控均采用逻辑防误加本间隔电气节点防误，其中逻辑防误通过GOOSE传输机制实现，取消常规HGIS和GIS跨间隔电气节点闭锁回路，通过GOOSE信息实现跨间隔操作的闭锁。顺序化控制操作方式可以满足区域监控中心站管理模式和无人值班的要求，也能满足可接收执行调度中心、监控中心和当地后台系统发出的控制指令，经安全校核正确后自动完成符合相关运行方式变化要求的设备控制，即应能自动生成不同的主接线和不同的运行方式下的典型操作票；自动投退保护软连接片；当设备出现紧急缺陷时，具备急停功能；配备直观的图形图像界面，可以实现在站内和远端的可视化操作。

顺序控制可以极大地缩短变电站倒闸操作时间，解决人工操作效率低、易出错等问题，提高供电的安全可靠性。图1－1所示为调度主站顺序控制流程示意图。

1.2.6 智能变电站的高级功能

1. 设备状态监测

智能变电站设备广泛实现在线监测，让设备检修变得更加科学。在智能变电站中，能有效获取电网的运行状态数据以及各个智能电子设备的故障、动作信息和信号回路状态，二次设备状态特征量的采集也减少了盲区。但就现在的在线监测水平来看，还不具备实现所有设备的全面的在线监测可能性，对变电站的一次设备可采取有针对性的在线监测技术，这样可以取得较好的

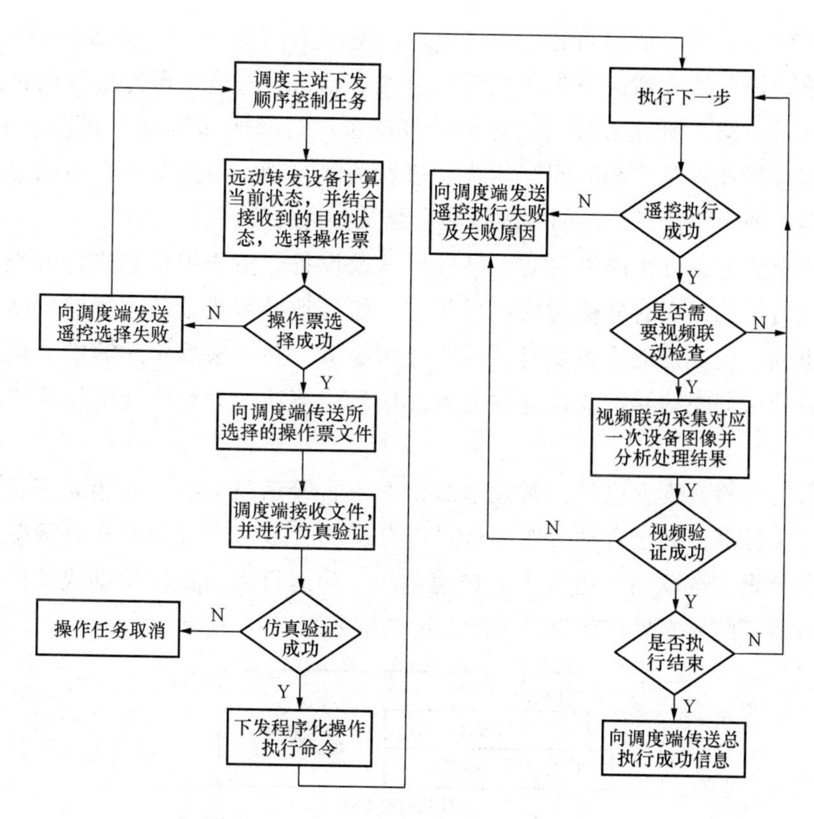

图1－1　调度主站顺序控制流程示意图

投资收益。

信息融合又称数据融合，是对多种信息的获取、表示及其内在联系进行综合处理和优化的技术。多信息融合技术从多信息的视角进行处理及综合，得到各种信息的内在联系和规律，从而剔除无用的和错误的信息，保留正确的和有用的成分，最终实现信息的优化。它也为智能信息处理技术的研究提供了新的观念。

状态检测和诊断系统是一套智能变电站设备的综合故障诊断系统，它能依据获得的被检测设备的状态信息，采用多信息融合技术的综合故障诊断模型，结合被监测设备的结构特性和参数、运行历史状态记录以及环境因素，对被监测设备工作状态和剩余寿命作出评估。

2. 智能告警及分析决策

智能告警及分析决策的提出是为了从根本上解决异常及设备故障发生时

变电站信息过于繁杂的问题。在对全站设备对象信息建模的情况下，研究全站异常及设备故障情况下告警信息的分类、筛选、过滤，研究信号的过滤及报警显示方案，研究告警信号之间的逻辑关联，基于多事件关联筛选机制，利用推理机技术对“短时间”内事件进行关联推理，得出该时段内综合异常或设备故障模型信息，从而实现智能告警及分析决策。

智能告警及分析决策对变电站内异常及设备故障告警信息进行分类，对信号进行过滤，实时分析站内运行状态，如收到异常或设备故障信息则自动进行推理，生成智能告警信息，提供分析决策，并可根据主站需求为调度主站提供分层分类的异常或设备故障告警信息。该功能为智能变电站典型特征之一。

智能告警实现变电站正常及事故情况下告警信息分类，并建立信息上送的优先级标准，经过自动分级筛选过滤并分类存放，在异常及事故情况下实现信息分级上送，便于运行人员快速调用，为运行人员提供辅助决策，提高了运行值班的异常处理效率。智能告警结构如图 1－2 所示。

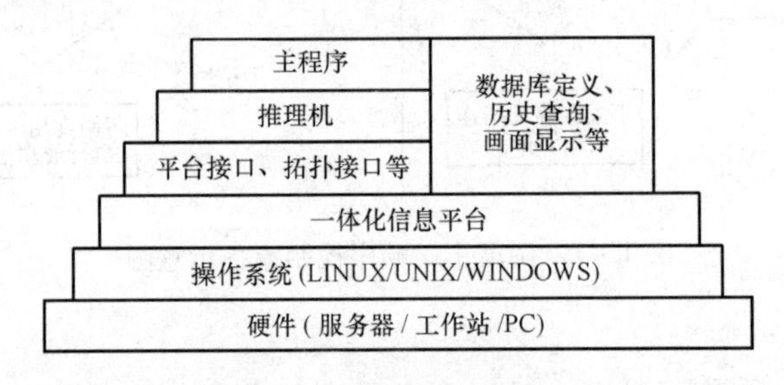

图 1－2　智能告警结构示意图

3. 故障信息综合分析决策

故障信息综合分析决策功能可以自动为值班运行人员提供事故分析报告并给出事故处理预案，便于迅速确定事故原因并确定应采取的措施，还可以为事后相关部门分析事故原因提供相关数据信息。

该功能通过对故障录波、保护装置、事件顺序记录（SOE）等相关事件信息进行综合分析和处理，得出事故分析结果，为电网运行提供辅助决策，并在后台以简明的可视化界面综合展示。分析决策及事故处理信息上传主站并定向发布，实现变电站故障分析结果的远传。通过对开关信息、保护、录波、设备运行状态等进行在线实时分析，实现事故及异常处理指导意见及辅助决策，并梳理各种告警信号之间的逻辑关联，确定变电站故障情况下的最终告警和显示方案，为上级系统提供事故分析决策支持等。即通过各类实测信息、自动分析、逻辑推理自动给出故障处理决策，指导和帮助上级调度（或集控中心监控人员）快速处理故障。

4. 站域控制

站域控制建立在全站信息数字化和信息共享的基础上，在通信和数据处理速度满足功能要求的基础上实时采集全站数据，包括全变电站各母线电压、各线路电流和各开关的实时位置以及各保护的动作闭锁信号，从而完成全站各电压等级的备用装置投入（简称备投）、过负荷联切和过负荷闭锁动作、低频低压减负荷功能。

站域控制的各电压等级的备投、过负荷联切、过负荷闭锁和低频低压减负荷均相互独立，互相没有影响，既可单独使用又可集中组合使用，以实现一个变电站灵活多样的备投和联切、减载控制功能。

站域控制通常适用于110kV及以下电压等级的智能变电站，可实现多个电压等级的桥备投、进线备投、分段备投、主变压器备投等备投功能，可实现多个电压等级的过负荷闭锁备自投功能。另外，还可实现普通轮次（5轮）和特殊轮次（2轮）的低频低压减负荷功能，以及共6个轮次的过负荷联切功能。

通过监控系统可实时对站域控制进行运行状态监视、保护定值设置、出口连接片和断路器检修连接片设置，以及动作过程的详细记录，从而完成站域控制的全过程在线控制和分析及故障再现。图1－3举例说明了变电站内站域备自投逻辑结构图。

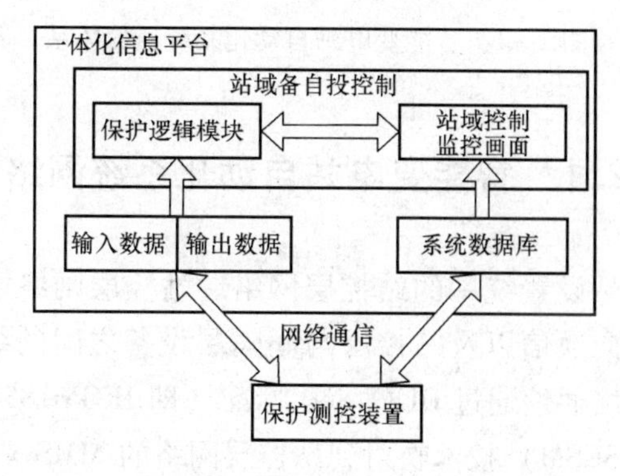

图1－3　变电站内站域备自投逻辑结构图

2 智能变电站自动化系统及主要设备

智能变电站自动化系统的通信体系按“三层设备、两层网络”的模式设计，通过高速网络完成变电站的信息集成。全站的智能设备在功能逻辑上分为站控层设备、间隔层设备和过程层设备；三层设备之间用分层、分布、开放式的二层网络系统实现连接，即站控层网络、过程层网络。三层设备、两层网络之间的关系如图 2－1 所示。

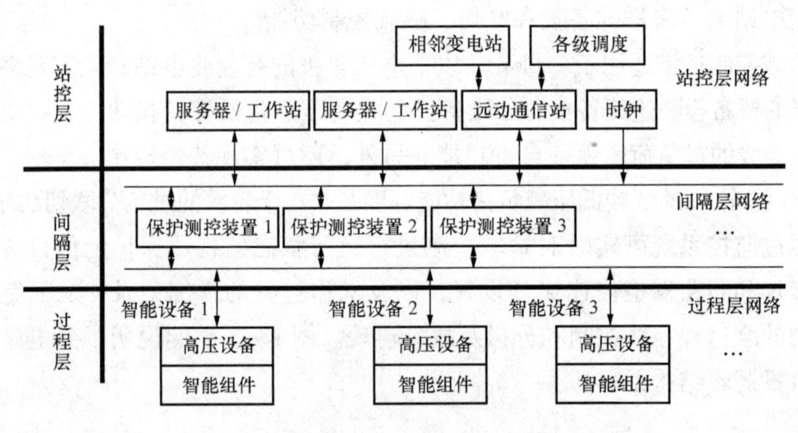

图 2－1　智能变电站自动化系统通信体系

2.1　智能变电站自动化系统网络

智能变电站全站设置统一的站控层网络。站控层网络主要用于实现站控层各设备之间的横向通信以及站控层与间隔层设备之间的纵向通信。智能化变电站的站控层网络通信通过 DL/T 860 标准（即 IEC 61850 标准）提供的特定通信服务映射（SCSM）技术映射到站控层网络的 MMS 来实现。

过程层网络包括 GOOSE 网和 SV 网。间隔层设备通过过程层 GOOSE 网实现本层设备之间的横向通信（主要是联闭锁、保护之间的配合等），通过GOOSE 网和 SV 网与过程层设备（智能终端、合并单元）实现纵向通信；间隔层的保护设备与过程层的智能终端、合并单元之间的通信采用交换机连接或设备通信接口直接连接方式，测控装置、故障录波等设备采用网络方式实现与过程层设备的通信。过程层网络带有鲜明的 IEC 61850 特点。无论是 SV 网还是 GOOSE 网络，都对信息传输的实时性有很高要求。IEC 61850 提供的特定通信服务映射（SCSM）技术可以将过程层设备信息直接映射到网络的数据链路层，保证了信息传输的实时性。过程层网络的应用取代了常规电气一、二次设备间的控制电缆，将具有数字接口的智能一次设备纳入到全站的网络系统中来。

2.2 站控层设备

变电站站控层设备主要包括监控后台、远动通信装置、保护信息子站等。站控层设备提供站内运行的人机联系界面，实现对间隔层及过程层等设备的管理控制功能，并实现与调度通信中心以及集控中心的通信。

2.2.1 设备状态监测系统

传统的定期检修存在试验周期长、强度大和有效性差等缺点，难以满足电力系统对可靠性的要求。利用状态检修技术提前发现缺陷和预知将来的事故类别，对延长站内主要电气设备的寿命周期，提高电力系统可靠性及经济运行效益有十分重要的意义。

1. 监测范围与参量

就目前的在线监测发展水平来看，尚不具备实现囊括所有设备在内的全面在线监测的可能性，市场可提供的在线监测产品也没有包括变电站内的所有设备。实际上，对于那些结构简单、可靠性高、故障影响小的设备，实现在线监测的价值不大，特别是目前在线监测技术本身的成熟度还不很高的条件下，情况更是如此。

目前智能变电站的全站在线监测系统，其监测范围包括主变压器、220kV GIS 和各电压等级的避雷器。监测的内容主要是主变压器油色谱，GIS SF_6 气体、微水，以及避雷器泄漏电流、次数等，如表 2－1 所示。选取这些项目的原则是具有监测价值、技术相对成熟并有一定应用经验。随着技术的进步，会逐步扩展在线监测范围。

表 2-1　　在线监测系统配置表

监测设备	监测范围	配置原则
变压器	油色谱，铁心接地电流在线监测装置	每台主变压器配置 1 套
220kV GIS	SF_6 气体密度在线监测	每个气室配置 1 通道
避雷器	泄漏电流、次数等	每台避雷器 1 套

（1）对变压器，主要进行油中气体及微水监测。变压器正常运行时，通过色谱分析，可以对氢气（H_2）、乙炔（C_2H_2）、甲烷（CH_4）、乙烯（C_2H_4）、乙烷（C_2H_6）、一氧化碳（CO）和水分（RH）多种油中溶解气体水分及总烃的含量、各组分的相对增长率以及绝对增长速度进行在线监测及诊断。

（2）对 220kV GIS，主要对 SF_6 气体密度、水分通过密度传感器和湿度传感器监测。密度传感器和湿度传感器安装在本体外壳并通过导管和气室连通，传感器需满足高压开关设备对密封性、绝缘性的要求。SF_6 密度测量的准确级为 2.5 级，水分测量的不确定度不大于 10×10^{-6}。最小监测周期应不大于 2h，监测周期可调。

2. 综合在线监测及状态检修平台

在线监测系统平台不仅是一个全局状态信息的数据中心，也是一个设备状态信息的发布平台，还是故障诊断、运行和检修维护的咨询管理平台。该平台的建立和运用，可促使传统意义上的在线监测系统从一个孤立的、静止的实验性系统过渡到全局的、网络化的、智能化的综合状态监测、诊断和服务管理系统。

智能变电站采用在线监测系统一体化的思路。所谓一体化，就是将主变压器油色谱在线监测，GIS SF_6 气体密度、微水和气体分解物和局部放电在线监测，避雷器泄漏电流、次数在线监测三套系统整合为一套，在变电站站端采用统一的在线监测后台系统。

现阶段，不同厂家的传感器输出信号难以统一为标准的 4～20mA 电信号，无法利用智能组件实现状态监测信号的采集。因涉及知识产权问题，不同厂家间难以开放后台分析软件，因此难以在后台主机上以统一的分析软件对各类设备的源信息进行诊断分析。针对此问题，可由状态监测厂家设置现场监测单元，集中采集某类设备的传感器信号，并将诊断后的结果信息以全站统一的 DL/T 860 通信标准上传至统一的后台主机，由全站统一的后台软件集中显示设备的健康状况。此方案在现场监测单元与传感器间的接口类型、传输规约采用厂家私有类型，在现场监测单元与后台主机间的接口类型、传输规约采用全站统一类型，在保证全站状态监测统一分析平台的基础上兼顾了设备现状，可实施性较强，同时较好地控制了数据流量。

2.2.2 监控后台系统

监控后台系统是基于工作站、商业工控机或个人计算机的变电站综合自动化监控后台系统，它是变电站综合自动化系统的集成、人机交互接口和最终实现的工具。变电站后台监控作为变电站内运行设备和运行人员的接口，为工作人员提供了友好的人机界面，可以在线显示采集和处理实时数据，并可对全站的断路器和隔离开关等进行分合操作。监控软件能实现对变电站的遥信、遥测和遥控等操作，与下位机实现通信，并能解析下位机上传的数据信息。监控软件主要实现数据解析、通信管理、在线监视和操作、报表实现、事故报警与打印等功能。

监控后台系统能完成变电站所有信息的最终处理、显示和监测，对变电站一次、二次侧设备的控制，以及运行历史信息的检索查询和完备的故障录波分析功能。监控后台系统多采用开放式的软件工作平台，为多窗口、多任务系统。其界面风格采用流行的视窗画面输出和操作方式，结构设计模块化。采用灵活方便的组网方式，高效数据库访问操作，多进程、多线程模式，使系统具有高可靠性、方便的人机交互操作、高质量的画面显示和良好的可扩展性。

1. 模拟量监测

电气模拟量包括电流、电压、有功功率、无功功率、频率、温度等，按照 DL/T 5137—2001《电测量及电能计量装置设计技术规程》进行交流采样。具体包括：

（1）主变压器、220kV 部分、110kV 部分。

1）主变压器：主要模拟量包括各侧有功功率、无功功率、三相电流。

2）220kV 部分：① 220kV 线路，主要模拟量包括有功功率、无功功率、三相电流、三相电压、一个线路电压；② 220kV 母联，主要模拟量包括三相电流、有功功率、无功功率；③ 220kV 母线，主要模拟量包括三相电压、一个频率。

3）110kV 部分：① 110kV 线路，主要模拟量包括有功功率、无功功率、三相电流、三相电压、一个线路电压；② 110kV 母联，主要模拟量包括三相电流、有功功率、无功功率；③ 110kV 母线，主要模拟量包括三相电压、一个频率。

（2）10kV 部分。

1）10kV 线路：主要模拟量包括三相电流、有功功率、无功功率。

2）10kV 分段：主要模拟量包括三相电流。

3）各段母线：主要模拟量包括三相电压、零序电压。

（3）接地变压器：主要模拟量包括接地变压器高压侧三相电流、三相电压、有功功率；接地变压器低压侧三相电流、三相电压。

（4）并联补偿装置：主要模拟量包括三相电流、无功功率。

（5）直流系统：主要模拟量包括直流充电电流、直流充电电压、直流母线电压（并设置越限告警）和操作电压。

（6）通信电源：主要包括交流电源电压（220V 或用遥信发失压信号）和直流电源电压（48V 或用遥信发失压信号）。

（7）温度部分：主要包括主变压器温度（上层油温），二次设备室室温，电容器室室温，站用电柜室室温，蓄电池室室温，110、10kV 设备间室温，室外温度。

2. 状态量（开关量）监控

状态量（开关量）包括断路器、隔离开关及接地开关，10kV 部分信号，继电保护装置和安全自动装置动作及报警信号，全站其他二次设备事故及报警监视信号。具体包括：

（1）主变压器、220kV 部分、110kV 部分。

1）主变压器：主变压器中性点隔离开关位置信号，主变压器档位信号，主变压器本体信号，重瓦斯信号，轻瓦斯信号，调压瓦斯信号。

2）220kV 线路：220kV 断路器位置信号（双位），220kV 隔离开关位置信号（双位），220kV 接地开关位置信号。

3）110kV 线路：110kV 断路器位置信号（双位），110kV 隔离开关位置信号（双位），110kV 接地开关位置信号。

（2）10kV 部分：10kV 断路器位置信号，10kV 开关柜手车位置信号。

（3）继电保护和安全自动装置动作及报警信号：低频动作信号，低频装置异常信号，分段备自投动作信号，分段备自投异常信号，母差动作信号，母差异常信号，失灵动作信号，失灵异常信号，TV 并列信号，备用电源自投信号，TV 断线信号，线路接地信号，掉牌信号，掉牌未复归信号，线路保护装置动作信号，线路保护装置异常信号，距离信号，总出口信号，压力异常信号，重合闸闭锁信号，合闸闭锁信号，分闸闭锁信号，录波器动作信号，录波器异常信号，重合闸信号，零序信号，SF_6 压力异常信号，间隙保护信号，差动信号，后备保护信号，自动化装置遥控继电器动作信号。

（4）全站其他报警信号：控制回路断线，直流接地信号，逆变电源故障信号，消防报警信号，大门开启信号。

3. 监控范围

监控系统的监控范围如下：

1）220、110、10kV 断路器；

2）220、110kV 隔离开关；

3）站用电 380V 断路器；

4）主变压器有载调压开关；

5）变压器中性点接地开关。

2.2.3 远动通信装置

远动通信装置收集测控装置、继电保护装置及其他智能装置的信息，将相关数据进行处理转发给调度主站，以实现远方调度对变电站运行情况的监视和控制。远动通信装置的远动信息从计算机监控系统站控层网络上获取远动信息并向调度端传送，站内自动化信息需相应传送到远方监控中心。

1. 远动通信装置主要功能

（1）支持 IEC 61850 标准，与各种保护装置、测控装置、自动装置及其他辅助装置通信，接收它们上送的保护动作、SOE、遥信、遥测以及其他信息。

（2）支持各种远动通信规约，实现与调度中心数据共享和通信，同时支持多个主站、不同通信规约、不同通道参数、不同数据映射。

（3）接收主站的命令，下发给相关装置执行。这些命令包括遥控、遥调、信号复位等。

（4）记录来自所有控制源的命令，包括遥控选择、遥控执行、遥调、信号复位等信息供查看。

（5）提供对装置连接的保护、遥控以及各种自动化装置通信状态，及时上报各类装置是否通信中断，保证变电站自动化系统可靠运行。

（6）根据用户需要，可以将多个采集信息按照一定规则编辑、合成为一个信息，并按用户将这些信息转发到调度、集控站、后台等计算机系统。这样既降低总信息量，又解决自动判断合理性问题，提供安全的选择机制。

（7）通过网络联机维护和监控功能，调度人员能够方便地维护、修改和监测装置运行情况，可以监视运行打印信息，监视网络和串口报文，进行数据库查看、人工置数、文件传输、远程启动等，提高维护和调试效率。

（8）支持多套双机切换方案。根据不同的要求，可以支持单机运行、对上双主模式对下双主模式、对上双主模式对下主备模式、对上主备模式对下主备模式四套方案。双机运行时能保证双机数据实时同步和无缝切换，最大限度保证信息的完整性。

（9）自诊断功能。在运行期间自动对软硬件进行监视，一旦软硬件出现错误将自动报警，同时闭锁自身，以免造成误操作。如果是双机配置，当主机发生错误时，除了闭锁自身，备机还自动上升为主机继续承担运行任务，同时发送报警信号，保证运行的稳定性和可靠性。

2. 远动信息主要内容

（1）模拟量（遥测）：

1）主变压器220kV侧电流、有功功率、无功功率；

2）主变压器110kV侧电流、有功功率、无功功率；

3）主变压器10kV侧电流、有功功率、无功功率；

4）220kV线路电流、有功功率、无功功率；

5）220kV母联电流；

6）220kV母线电压、频率；

7）110kV线路电流、有功功率、无功功率；

8）110kV母联电流、有功功率、无功功率；

9）110kV 母线电压、频率；

10）10kV 线路三相电流；

11）10kV 电容器组三相电流、双向无功功率；

12）10kV 分段三相电流；

13）10kV 接地变压器（兼站用变压器）三相电流、有功功率；

14）站用变压器 380V 侧三相电流、三相电压；

15）10kV 母线电压；

16）直流充电电压、控制电压、充电电流、控制电流；

17）主变压器油温、二次设备室室温、室外温度。

（2）状态量（遥信）：

1）全站事故总信号；

2）所有断路器位置信号；

3）所有隔离开关及接地开关位置信号；

4）主变压器保护动作信号；

5）220kV 线路保护动作信号；

6）220kV 线路重合闸动作信号；

7）220kV 母线保护动作信号；

8）110kV 线路保护动作信号；

9）110kV 线路重合闸动作信号；

10）110kV 母线保护动作信号；

11）故障录波器动作信号；

12）主变压器分接头位置；

13）就地/远方切换开关位置信号；

14）调度范围内的通信设备运行状况信号。

（3）遥控/遥调量：

1）220、110、10kV 各级所有断路器分、合闸控制；

2）110kV 及以上隔离开关分、合闸控制；

3）低压无功补偿装置投切；

4）有载调压变压器分接头升、降、急停；

5）380V 断路器分、合闸控制。

2.2.4 保护信息子站

保护故障信息处理系统是一个全新的故障信息处理及控制系统，该系统能将220、110kV厂、站微机保护、微机故障录波器、微机稳控装置及非微机型保护开关量信号联成一个多层、多微机类型的综合性故障信息管理系统，对故障信息快速采集、就地显示、打印，并将故障信息经传输网自动上传到主站。主站对上传的故障信息进行整理、综合分析、存档，为电网调度事故实时处理提供电网故障信息。主站能够通过传输网调用所有接入系统的厂站端微机装置的故障信息，检索微机装置正常运行工况和非正常运行工况并对微机及非微机装置进行远程控制，为调度运行人员处理重、特大和复杂事故提供了重要的技术手段，对确保电网可靠、优质供电具有重要作用。

2.2.5 网络报文记录分析系统

基于IEC 61850的智能变电站通信网络主要由过程层网络和站控层网络组成。过程层网络主要传输实时性高的SV报文、GOOSE报文、PTP对时报文等。站控层网络主要传输实时性较低的MMS报文。网络报文在线监测分析系统实现对这两个网络的各种原始报文的实时监视、记录和分析，并记录故障时一次系统电压、电流波形和开关动作信号。

网络报文在线监测分析系统由报文采集单元、暂态录波单元和管理单元三大功能部分组成。网络报文在线监测分析系统中所装载的软件实现了信号的接入、处理、在线分析以及离线分析。信号接入通过在近物理层硬件标记信号时标实现了纳秒级的精度，通过对接入信号的解码、检查、标记、存储、暂态录波判启动计算、故障波形存储，实现了实时挂牌告警、实时状态监视、实时波形监视。同时对存储的报文以及故障波形文件实现强大的离线分析功能：实现报文的分类查看、异常报文定位、形成分析简报、原始数据分析、采样值波形分析、采样值报文时间均匀性分析、GOOSE报文波形分析、形成GOOSE事件报表、保护动作行为分析、故障测距以及PTP报文分析。

2.2.6 时间同步系统

变电站时间同步系统是站内系统故障分析和处理的时间依据，也是提高电网运行管理水平的必要技术手段。目前我国电力系统采用的基准时钟源主要分为两种：一种是高精度的原子钟（如铷钟等），另一种是全球定位系统（GPS）导航卫星发送的无线标准时间信号。

全球定位系统（GPS）导航卫星发送的无线标准时间信号采用GPS作为基准源，由GPS时钟接收装置通过天线获取GPS时钟，再向其他被授时端发送准确的时钟同步信号进行对时。采用原子钟作为基准源时，可由专用或公用的有线通信通道将该时钟信号传向各个被授时装置。国内变电站时间同步对时系统主要采用的是GPS时间信号作为主时钟的外部时间基准信号。由于GPS对时系统是由美国军方控制的，并且美国政府从没对GPS信号质量及使用期限给予过任何的承诺和保证，一旦发生战争等紧急事态，美国很有可能关闭或调整GPS信号，这必将引起我国电网系统的重大事故。因此，我国大力推进北斗卫星授时在国家电网中的应用。

北斗卫星导航系统是中国正在实施的自主发展、独立运行的全球卫星导航系统。它是继美国GPS和俄罗斯GLONASS后的全球第3个卫星导航授时系统，具有优异的授时体制，授时性能优于GPS。它主要由空间段、地面段和用户段三部分组成。空间段包括5颗静止轨道卫星和30颗非静止轨道卫星；地面段包括主控站、注入站和监测站等若干个地面站；用户段包括北斗用户终端以及与其他卫星导航系统兼容的终端。

智能站的对时方式主要有以下3种：

（1）脉冲对时方式。脉冲对时方式主要有秒脉冲信号（每秒一个脉冲）和分脉冲信号（每分钟一个脉冲）硬对时方式。秒脉冲是利用GPS所输出的每秒一个脉冲方式进行时间同步校准，获得与世界标准时（UTC）同步的时间精度，上升沿时刻的误差不大于1μs。分脉冲是利用GPS所输出的每分钟一个脉冲的方式进行时间同步校准，获得与UTC同步的时间精度，上升沿时刻的误差不大于3μs。秒脉冲对时方式在国内变电站自动化系统中应用较广泛。

（2）编码对时方式。目前国内变电站自动化系统普遍采用的编码对时信号为美国靶场仪器组码IRIG（Inter Range Instrumentation Group）。IRIG串行时间码共有6种格式，即A、B、D、E、G、H，其中B码应用最为广泛，有调制和非调制两种。调制美国靶场仪器组码IRIG－B输出的帧格式是每秒输出1帧。每帧有100个代码，包含了秒段、分段、小时段、日期段等信号。非调制美国靶场仪器组码IRIG－B信号是一种标准的TTL电平，适合传输距离不长的场合。

（3）网络对时方式。网络对时是依赖变电站自动化系统的数据网路提供的通信通道，以监控时钟或 GPS 为主时钟，将时钟信息以数据帧的形式发送给各个授时装置。被授时装置接收到报文后，通过解析帧获取当时的时刻信息，以校正自己的时间，达到与主时钟时间同步的目的。

上述对时方式在实际的智能变电站系统中通常配合使用，共同完成全站时钟同步。

由于智能变电站系统采用电子互感器和智能一次设备，实现了变电站采集和控制信息的全数字化传输，相对于传统的信息采集和控制方式有了很大的变化，如取消了大量的开关场到间隔小室或控制室的电缆接线，有效屏蔽了信号传输过程中的电磁干扰，提高了测量精度等。但由于网络传输方式不可避免地带来传输延时和时序不确定性等因素，通过采集器得到的数字信号在通过网络传输进入合并器后出现了相位和时序的偏差，然而这些信息是整个自动化系统保护及测控功能的基础，决定了智能变电站自动化系统相对于传统自动化系统而言，对全站对时提出了更高、更实际的要求，尤其是过程层信息传输的时钟同步问题显得尤为重要。

通常，智能变电站配置一套公用的时间同步系统，主时钟双重化配置，支持北斗系统和 GPS 系统单向标准授时信号，优先采用北斗系统，时钟同步精度和守时精度满足站内所有设备的对时精度要求，站控层设备采用 SNTP 网络对时方式，间隔层和过程层设备采用 IRIG－B（DC）码对时方式，预留 IEC 61588 接口。

2.2.7　智能辅助系统

2.2.7.1　图像监视及安全警卫系统

1. 配置原则

图像监视及安全警卫系统对变电站主要电气设备、建筑物及周边环境进行全天候的图像监视，满足生产运行对安全巡视的要求。在变电站的主要通道和重点部位，安装视频图像信息监控设备，加强防盗、防破坏的技术监控。通过目标区域的主动红外对射探测，对变电站围墙、大门进行全方位布防监视，不留死角和盲区。如有翻越围墙，则报警处理；大门有人、车出入，则发出铃声通知运行人员。

安全图像监视及安全警卫系统的配置应完成变电站全站安全、防盗报警功能。安全警卫系统报警接点信号接入计算机监控系统，可远传至远方控制中心。

图像监视及安全警卫系统采用先进的图像压缩技术和TCP/IP网络技术，将全站图像信息采用MPEG IV或H. 264的压缩方式，用2Mbit/s或100Mbit/s线路将变电站图像传输到供电局集控站或调度中心。

2. 系统摄像机设置点原则

(1) 主变压器：每台主变压器设置两台一体化摄像机。

(2) 220kV设备区：设置两台一体化摄像机。

(3) 110kV设备区：设置两台一体化摄像机。

(4) 10kV开关室：设置两台室内球形摄像机。

(5) 10kV电容器室：设置两台一体化摄像机。

(6) 二次设备室：设置一台室内球形摄像机。

(7) 一楼门厅：设置一台室内球形摄像机。

(8) 全景：设置一台室外快球。

2.2.7.2 火灾自动报警系统

1. 配置原则

(1) 火灾自动报警系统设备包括火灾报警控制器、探测器、控制模块、信号模块、手动报警按钮等。

(2) 火灾自动报警系统应取得当地消防部门的认可。

(3) 火灾探测区域应按独立房间划分，主要探测区域有二次设备室、电容器室、各级电压等级配电装置室、变压器室、电缆夹层和电缆竖井等。

(4) 根据所探测区域的不同，配置不同类型和原理的探测器。

(5) 火灾报警控制器应设置在警卫室靠近门口处，当火灾发生时，火灾报警控制器可及时发出声光报警信号，显示发生火灾地点。

2. 技术要求

(1) 火灾自动报警系统应设有自动和手动两种触发方式。

(2) 火灾报警控制器的容量和每一总线回路所连接的火灾探测器和控制模块或信号模块的地址编码总数应按变电站最终规模考虑并留有一定的余量。

(3) 火灾自动报警系统设备，应采用经国家有关产品质量监督检查单位检验合格的产品。

(4) 火灾自动报警系统可设置消防联动控制设备，与站内防烟和排烟风机等联锁。

（5）手动火灾报警按钮应设置在明显和便于操作的位置。

（6）火灾报警控制器应有标准通信接口与监控系统通信。

（7）火灾自动报警控制系统的传输线，室内采用阻燃双绞线；室外采用带柜蔽的铜芯电缆，布线方式为总线制。

（8）火灾自动报警控制系统的电源应由站内 UPS 电源供电。

2.2.7.3 智能监测与辅助控制系统

站内配置智能辅助控制系统，实现图像监控、火灾报警、消防、照明、采暖通风、环境监测等系统的智能联动控制，简化系统配置。

（1）智能辅助控制系统包括智能辅助系统平台、图像监视及安全警卫设备、火灾自动报警设备、环境监控设备等。

1）智能辅助系统平台宜采用 DL/T 860 通信，实时接收站端视频、环境数据、安全警卫、人员出入、火灾报警等各终端装置上传的信息，分类存储各类信息并进行分析、判断，实现辅助系统管理和监视控制功能。

2）图像监视设备宜与安全警卫、火灾报警、消防、环境监测等相关设备实现联动控制；采暖通风设备宜根据环境监测数据自动启停。

3）智能辅助控制系统宜实现变电站内照明灯光的远程开启及关闭，并与图像监控设备实现联动操作。

4）空调、给排水等可自动完成启停功能，并可通过智能辅助控制系统实现联动控制。

（2）与其他系统接口要求：预留与远方主站端系统的通信接口，并通过横向隔离装置与一体化信息平台系统接口。

2.3 间隔层设备

智能变电站中，间隔层设备包括按间隔对象配置的测控装置、保护装置、计量装置及其他相关设备。单间隔设备有线路保护、测控装置、计量装置；跨间隔设备包括母线保护、故障录波、变压器保护等。间隔层设备通过过程层网络或直接与智能终端、合并单元等过程层设备通信，获得采样值和开关量等信息，通过站控层网络与站控层设备通信。实施对一次设备保护控制、本间隔操作防误闭锁、合闸同期功能控制以及汇总本间隔过程层实时数据信息、数据采集、统计运算等功能。

2.3.1 智能变电站测控装置

测控装置以计算机技术实现数据采集、控制、信号等功能，宜按照分布式系统设计，可就近安装于对应设备间隔，通过工业测控网络与安装于控制室的中心设备相连接，实现全变电站的监控，满足各种电压等级的变电站对实现综合自动化和无人值班的要求。

智能变电站的测控装置按照 DL/T 860（IEC 61850）标准建模，具备完善的自描述功能，并与变电站层设备直接通信，需支持电子式互感器和常规互感器的接入、支持 IEC 61850 通信标准、支持 GOOSE 跳合闸功能、支持 GOOSE 信号采集并对告警信号的变换进行事件记录。智能变电站中传统的交流采集、开关量采集以及控制模块被各种通信接口模块所代替。装置对相应通信通道工况、数据有效性都应该有相对完善的判断及处理机制。

测控装置应具有交流采样、测量、防误闭锁、同期检测、就地断路器紧急操作和单接线状态及测量数字显示等功能，对全站运行设备的信息进行采集、转换、处理和传送。其基本功能包括：

（1）采集模拟量，接收并发送数字量。

（2）具有选择—返校—执行功能，接收、返校并执行遥控命令；接收执行复归命令、遥调命令。

（3）具有合闸同期检测功能。

（4）具有本间隔顺序操作功能。

（5）具有事件顺序记录功能。

（6）应具有功能参数的当地或远方设置。

（7）支持通过 GOOSE 协议实现间隔层防误闭锁功能。

（8）装置应具有在线自动检测功能，并能输出装置本身的自检信息报文，与自动化系统状态监测接口。

（9）装置具备接收 IEC 61588 或 B 码时钟同步信号功能，对时精度误差应不大于 ±1ms。

2.3.2 智能变电站保护装置

智能变电站继电保护装置与常规站的装置相比，主要区别在于装置输入输出形式发生了巨大改变。常规站继电保护装置接入TV、TA二次模拟量和间隔位置等物理开关量，跳合闸输出为触点形式，接入一次设备操作回路，实现故障跳闸和重合闸。智能变电站继电保护装置所需要的通道采样值、开关量均以过程层网络数据的形式进行网络化传输，保护装置动作后输出信息也以数字帧的形式发送到过程层网络上，智能一次设备接收该命令后执行相应的跳合闸操作。

智能变电站继电保护与站控层信息交互采用DL/T 860（IEC 61850）标准，跳合闸命令和联闭锁信息通过GOOSE机制传输，电压电流量通过合并单元采集。智能变电站继电保护在提高保护智能化水平的同时，应满足“可靠性、选择性、灵敏性、速动性”的要求。智能变电站继电保护应直接采样，对于单间隔的保护应直接跳闸，涉及多间隔的保护（母线保护）宜直接跳闸。继电保护设备与本间隔智能终端之间通信应采用GOOSE点对点通信方式，继电保护之间的联闭锁信息、失灵启动信息等宜采用GOOSE网络传输方式。

2.3.3 数字故障录波

故障录波器装置是研究现代电网的基础，也是评价继电保护动作行为及分析设备故障性质和原因的重要依据，性能优良的故障录波器装置对于保证电力系统安全运行及提高电能质量起到了重要的作用。电力故障录波器已成为电力系统记录动态过程必不可少的精密设备，其主要任务是记录系统大扰动，如短路故障、系统振荡、频率崩溃、电压崩溃等发生后的有关系统电参量的变化过程及继电保护与安全自动装置的动作行为。

随着新型电子式互感器、智能操作箱的应用以及IEC 61850标准的实施，智能变电站中模拟量和开关量的传输都基于数字化、网络化，故障录波装置需要从过程层SV、GOOSE网络中提取需要的模拟量和开关量信息。当系统故障时，通过对过程层网络中IEC 61850-9-2、GOOSE报文的记录和分析，还原系统故障时的一次电压电流波形以及二次设备的动作行为，并以COMTRADE格式进行记录和分析。

2.4 过程层设备

过程层设备主要包括电子式/光学电流、电压互感器（统称非常规互感器）、合并器［或称合并单元（Merging Unit，MU）］、智能一次设备等。现阶段由于技术层面的原因，智能化开关由传统开关加智能终端方式来实现开关设备智能化，并采用互感器与合并器的输出相连完成与一些跨间隔合并器的数据传输。

智能变电站的过程层是一次设备与二次设备的结合面。过程层设备具有自我检测、自我描述功能，支持 IEC 61850 过程层协议，传输介质采用光纤。过程层的主要功能包括进行电力运行实时的电气量检测、对运行设备的状态进行参数检测、对操作控制进行执行与驱动等。

2.4.1 非常规互感器

电子式互感器根据采集单元处传感头构成原理的不同，可分为有源式和无源式两大类型，如图 2－2 所示。

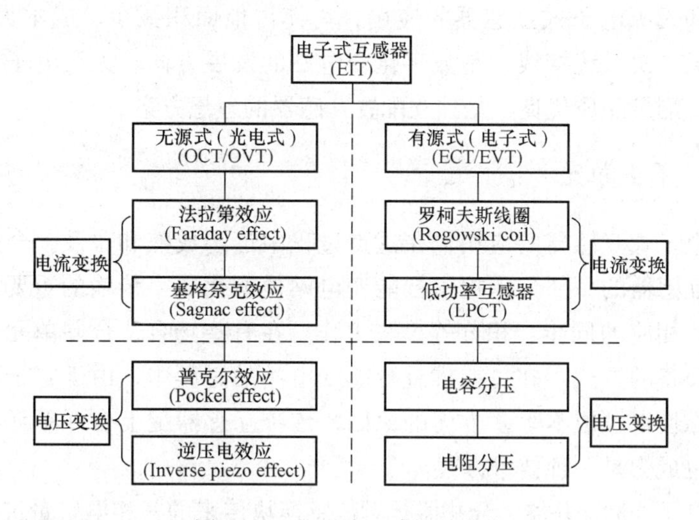

图 2－2 电子式互感器的分类

其中，有源电子式互感器的高压平台传感单元需要供电电源，利用传统电磁感应等原理采集被测信号，包括基于 Rogowski 线圈和低功率铁芯线圈的电流互感器，基于电容分压和电阻分压的电压互感器等。这类电子式互感器配有电子电路构成的高压侧电子模块，通过应用有源器件调制技术对采集输出信号进行滤波、积分处理及 A/D 转换，同时需要将电信号转换而来的数字信号经光纤传输系统送出。由于在变电站的强电磁场环境下，不可能采用模拟电信号远距离传输，必须由调制电路将待传输信号转换为数字信号，因此需要工作电源。一次转换单元的供电方式有母线取能、激光供电、电容分压器取能、光电池供电等。目前，有源电子式互感器是数字化变电站中实用化程度最高的一类。

另一类为基于光学原理的无源电子式互感器，主要包括基于 Faraday 磁光效应的电流互感器和基于晶体 Pockel 电光效应的电压互感器。该类电子式互感器利用光在磁场或电场中的偏转，根据偏转角度间接折算出待测电气量。原理上无测量频带障碍，且不需要复杂的供能系统，采用光纤可直接将测量信号送出，使高压侧与低压侧处理单元完全隔离，尤其适合于超高压测量。其灵敏度高，绝缘性能好。但它的缺点是技术尚不成熟，光传感头性能不稳定，光学系统易受多种环境因素的影响，存在长期运行可靠性问题，目前更多处于研制阶段。

有源和无源电子式互感器的应用，均使占地面积减少、成本大幅降低，简化了现场二次系统接线，是数字化变电站的发展方向。无源电子式互感器维护方便，测量品质优良，是独立配置互感器的理想方案。

2.4.2 合并单元

随着电子式互感器的应用，在试点过程中逐步成熟和普及，合并单元作为电子式互感器的一部分承担了智能变电站模型化数字传输的重要工作，也承担了一些相应的同步、积分等算法工作。在有些场合，合并单元也可能以一个独立设备的方式存在。在推进智能变电站的过程中，由于电子式互感器的应用可靠性以及成本等多方面的原因，传统互感器配上合并单元来实现智能变电站也成为是一种技术方案。

合并单元也称合并器。合并器是对传感模块传来的三相电气量进行合并和同步处理，并将处理后的数字信号按特定的格式提供给间隔层设备使用的装置。合并器的输出格式符合 IEC 60044－8、IEC 61850－9－1、IEC 61850－9－2 要求。合并器具有的基本功能有：

（1）接收传统互感器的模拟信号，进行 A/D 转换。

（2）以光能量形式为电子式互感器采集器提供工作电源。

（3）可接收来自多路电子式互感器采集器的采样光信号，汇总之后按照 IEC 61850 规约以光信号形式对外提供采集数据。

（4）接收来自站级或继电保护装置的同步光信号，实现采集器间的采样同步功能。

一般来讲，合并器的配置方案将决定系统的安全性与可靠性。配置原则是保证一套系统出问题不会导致保护误动，也不会导致保护拒动。电子式互感器的就地采集单元的二次转换模块需要冗余配置，转换器中电流需要冗余采样，分别用于测量、保护启动和保护动作。数据合并器也采用冗余配置，并分别连接冗余的电子式互感器模块。

合并器可以安装在开关附近或保护小室。其汇总输出功能如图 2 -3 所示。

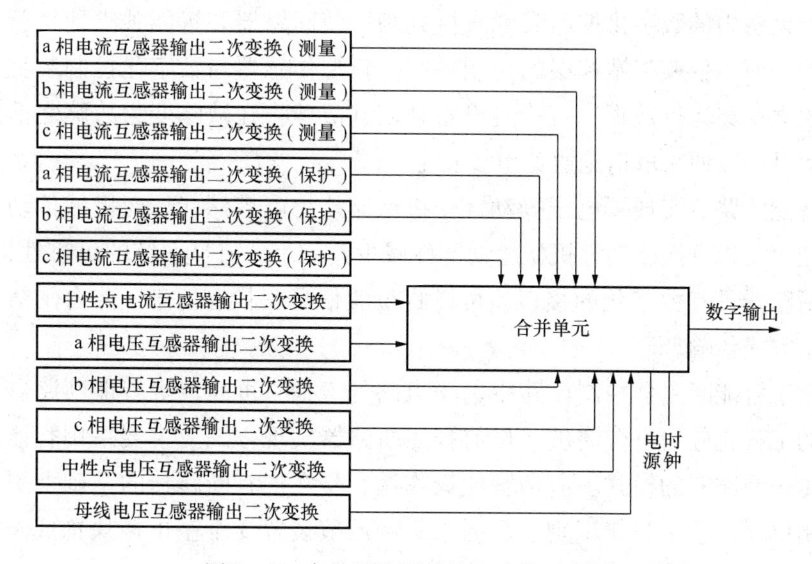

图 2 -3　合并器的汇总输出功能示意图

图 2 -3 中，7 个电流互感器包括 3 个测量 ECT、3 个保护 ECT 和一个中性 ECT；5 个电压互感器包括 3 个保护/测量 EVT、1 个母线 EVT 和 1 个中性 EVT。它们都能够连接在合并器上，然后这个合并器通过多路点对点连接或组网方式为二次设备提供一组时间一致的电流和电压数据。当作为测量应用时，通过数字信号传输，测量中的 A/D 转换没有附加的误差，测量精度完全取决于电流传感器的输出。而合并器的关键在于要在尽量短的时间内将多路的输入进行时间同步，并将组织好的数据转发至保护和测控装置。特别是保护装置对数据处理的延时和数据的同步要求很高，如果出现数据不同步或者延时过长就会导致保护误动或拒动，造成事故范围扩大，影响电网的安全稳

定运行。

2.4.3 智能操作箱

高压断路器二次技术的发展趋势是用微电子、计算机技术和新型传感器建立新的断路器二次系统，开发具有智能化操作功能的断路器。其主要特点是：① 由电力电子技术、数字化控制装置组成执行单元，代替常规机械结构的辅助开关和辅助继电器；② 可按电压波形控制跳、合闸角度，精确控制跳、合闸过程的时间，减少瞬间过电压幅值。断路器操作所需的各种信息由装在断路器设备内的数字化控制装置直接处理，使断路器装置能独立地执行其当地功能，而不依赖于站控层的控制系统。新型传感器与数字化控制装置相配合，独立采集运行数据，可检测设备缺陷和故障，在缺陷变为故障之前发出报警信号，以便采取措施避免事故发生。

智能断路器实现了电子操动，变机械储能为电容储能，变机械传动为变频器经电动机直接驱动，机械运动部件减少到一个，机械系统的可靠性提高。智能断路器具有数字化的接口，可以将位置信息、状态信息、分合闸命令通过网络方式传输。

由于智能断路器控制回路中电子电路的寿命、可靠性等智能断路器关键技术的工程化应用有待突破，目前智能断路器实现方式上主要采用智能操作箱+传统断路器的模式。所谓智能操作箱，是在现有断路器的基础上引入智能控制单元，它由智能识别、数据采集和调节装置3个基本模块构成。智能操作箱的硬件框图如图2－4所示。

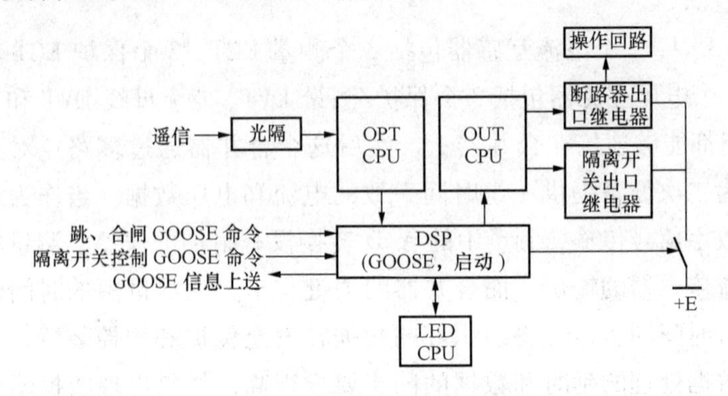

图2－4 智能操作箱硬件框图

智能识别模块是智能控制单元的核心，由微处理器构成的微机控制系统，能根据操作前所采集到的电网信息和主控室发出的操作信号，自动识别当次操作时断路器所处的电网工作状态，根据对断路器仿真分析的结果决定合适的分合闸运动特性，并对执行机构发出调节信息，待调节完成后再发出分合闸信号。

数据采集模块主要由新型传感器组成，随时把电网的数据以数字信号形式提供给智能识别模块进行处理分析。执行机构由可接收定量控制信息的部件和驱动执行器组成，用来调整操动机构的参数，以便改变每次操作时的运动特性。

此外，还可根据需要加装显示模块、通信模块以及各种检测模块，以扩大智能操作断路器的智能化功能。

智能断路器技术的进一步发展就是将非常规互感器、间隔内的隔离开关、接地开关等一次设备及其相应控制装置有机地组合和集成，这种集成装置可称为组合电器系统。按照互感器的使用，可以分为基于 ECT/EVT 和 OCT/OVT 的组合电器，这种形式能够大幅度减少土地占用、减少寿命周期成本。在国外，组合电器系统的使用已经有了一定的运行经验。

3 智能变电站系统测试技术

智能变电站继电保护装置与常规站相比，主要区别在于装置的输入、输出形式发生了巨大改变。常规站继电保护装置接入 TV、TA 二次模拟量和间隔位置等物理开关量，跳合闸输出为触点形式，接入一次设备操作回路，实现故障跳闸和重合闸。而智能变电站继电保护装置所需要的通道采样值、开关量均以过程层网络数据的形式进行网络化传输，保护装置动作后输出信息也以数字帧的形式发送到过程层网络上，智能一次设备接收该命令后执行相应的跳合闸操作。

正是由于二次设备输入、输出形式的改变，导致目前基于模拟信号、物理开入开出的微机型继电保护测试方法不能满足智能变电站的测试需要。目前尚无相关的智能站二次设备检验规程，迫切需要研究新的、适用于智能变电站二次设备的测试方法，以支持智能变电站继电保护装置的生产调试和现场验收测试。因此，本章拟结合传统二次设备的测试特点，形成对应于智能变电站的验收测试方法，解决目前智能变电站二次设备测试方法不成熟的问题，以提高测试效率，保证智能变电站的顺利投运和安全运行。

3.1 智能变电站对测试技术的新要求

随着 IEC 61850 标准在智能变电站的应用，继电保护、测控及其他二次装置的输入、输出信号不再是传统的模拟量信号，而是从过程层网络提取的通道采样值、开关量等数字量信号，保护装置动作信息及测控、遥控、遥调信息等输出信号也以数字帧的形式发送到过程层网络上，智能一次设备接收该命令后执行相应的跳合闸操作。

伴随着电子式互感器、智能组件、数字化保护测控、变电站以太网等新技术的发展和应用，给智能变电站测试技术提出了新的要求。智能变电站新技术、新设备的应用，使其调试项目有所增加，包括各 IED 设备的 DL/T 860

建模及通信规范型测试、变电站通信网络的网路性能及网络安全性能测试、智能变电站工程组态设计及配置、状态监测 IED 及状态系统测试、高级应用功能测试等。

3.2 智能变电站测试标准

（1）GB/T 14285—2006《继电保护和安全自动装置技术规程》。

（2）Q/GDW 273—2008《继电保护故障故障信息处理系统技术规范》。

（3）Q/GDW 383—2009《智能变电站技术导则》。

（4）Q/GDW 394—2009《330kV ~750kV 智能变电站设计规范》。

（5）Q/GDW 395—2009《电力系统继电保护及安全自动装置运行评价规程》。

（6）Q/GDW 396—2009《IEC 61850 工程继电保护应用模型》。

（7）Q/GDW 421—2010《电网安全稳定自动装置技术规范》。

（8）Q/GDW 422—2010《国家电网继电保护整定计算技术规范》及编制说明。

（9）Q/GDW 424—2010《电子式电流互感器技术规范》。

（10）Q/GDW 425—2010《电子式电压互感器技术规范》。

（11）Q/GDW 426—2010《智能变电站合并单元技术规范》。

（12）Q/GDW 427—2010《智能变电站测控单元技术规范》。

（13）Q/GDW 428—2010《智能变电站智能终端技术规范》。

（14）Q/GDW 429—2010《智能变电站网络交换机技术规范》。

（15）Q/2GDW 430—2010《智能变电站智能控制柜技术规范》。

（16）Q/GDW 431—2010《智能变电站自动化系统现场调试》。

（17）Q/GDW 441—2010《智能变电站继电保护技术规范》。

（18）Q/GDW Z 410—2010《高压设备智能化技术导则》。

（19）Q/GDW Z 414—2010《变电站智能化改造技术规范》。

3.3 智能变电站测试内容

智能变电站的调试分为出厂集成联调和现场调试。智能变电站的调试环节前移，大部分的调试工作转移到出厂集成联调阶段，可以说，出厂集成联调的成效决定了调试的整体效果。

3.3.1 出厂集成联调测试内容

智能变电站出厂集成联调测试主要包括模型文件规范性及通信规约一致性测试、单体设备测试、二次虚回路测试、各功能分系统测试，同时针对智能变电站新的技术特点，重点开展网络性能、全站同步性能、非常规互感器性能、保护采样同步性能等特殊项目测试，保证智能变电站集成的整体效果。

3.3.2 现场测试内容

由于单体设备测试、二次虚回路测试、特殊性能测试等测试内容已在出厂集成联调中完成，智能变电站现场测试主要是在一、二次设备安装完成后，对其系统的整体功能进行验证，相当于传统变电站的整组试验，但现场测试工作量比传统变电站大幅度减少。其特点是将一、二次设备作为整体，以整组联动的方式开展测试。

现场测试主要包括全站网络、电缆接线等安装正确性检查，光功率及裕度测试，互感器现场测试，保护整组传动试验，断路器、隔离开关遥控试验，顺序控制传动试验及五防联闭锁试验，全站遥信试验，一次通流通压试验，高级应用系统试验等。

3.4 智能变电站调试流程

智能变电站标准调试流程为：组态配置——系统测试——系统动模——现场调试——投产试验，具体如图 3 -1 所示。

（1）组态配置阶段 SCD 文件配置宜由用户完成，也可指定系统集成商完成后经用户认可。设备下装与配置工作宜由相应厂家完成，也可在厂家的指导下由用户完成。

（2）当智能变电站过程层采用数字化技术（GOOSE 和 SV）时，宜集中进行系统测试。系统测试由用户组织在其指定的场所完成。与一次本体联系紧密的智能设备，如电子式互感器，其单体调试也可在设备厂家完成，与其相关的分系统调试可在现场调试阶段进行；其他智能设备可将智能接口装置，

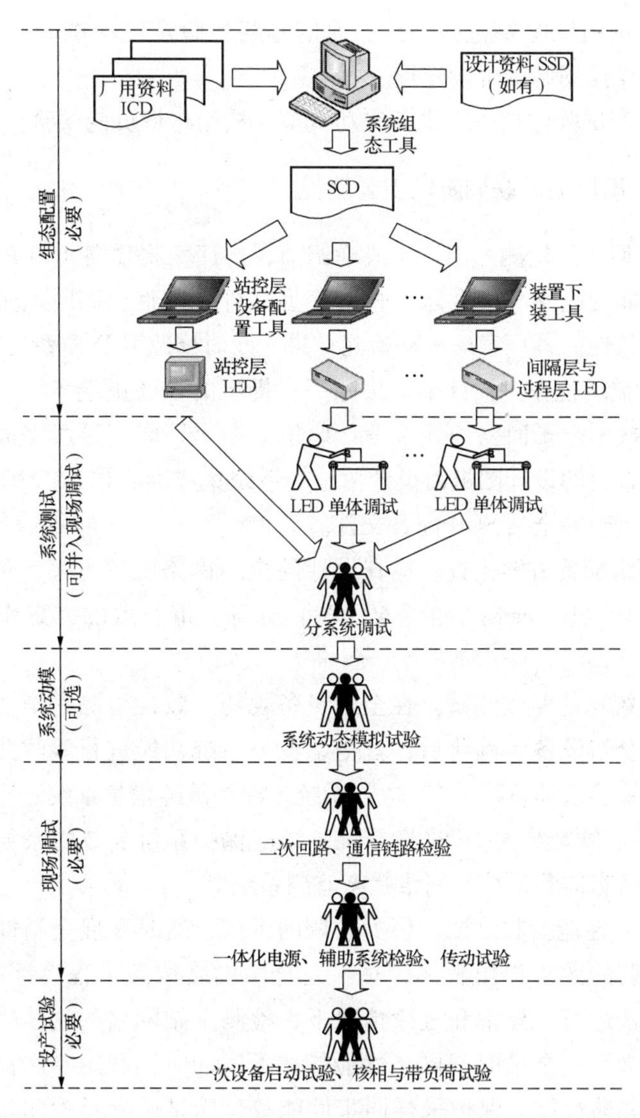

图 3－1　智能变电站标准调试流程

如智能终端、常规互感器合并单元等集中做系统测试。部分分系统调试，如顺序控制、防误操作功能检验，也可在现场调试阶段进行。如不进行系统测试，相关试验内容应在现场调试阶段补充。

（3）当某种新技术首次应用到其最高电压等级且可能影响到变电站安全稳定运行时，应进行系统动模试验。

（4）现场调试主要包括回路、通信链路检验及传动试验。一体化电源、辅助系统宜在现场调试阶段进行。

（5）投产试验包括一次设备启动试验、核相与带负荷试验。

3.4.1 出厂集成联调阶段主要流程

（1）模型文件检测。出厂集成联调前，各厂家提供各 IED 的 ICD 模型文件。根据智能变电站建模要求，检查模型文件规范性，同时通过第三方检测软件检测一致性。各厂家应根据检测结果，及时修改 ICD 模型文件。

（2）虚端子检查。设计单位按照厂家提供的设备虚端子图，根据工程要求，设计二次虚端子回路连线。设计单位应在出厂联调阶段完成虚端子回路设计图。审查后的设计图纸由设计单位交系统集成商，作为 GOOSE 配置连线依据，形成正确的全站 SCD 配置文件。

（3）网络配置方案检查。检查设计的全站网络配置方案，包括 IP 地址、MAC 地址分配，IEDname 分配，VLAN 划分等。审查后的方案作为系统集成依据。

（4）系统功能验收测试。在全站设备规约一致性检测完毕，网络连接及通信正常，全站设备实例化后，就全站各分系统功能进行验收测试，包括计算机监控系统、远动系统、“五防”系统、保护故障信息系统、高级应用系统（VQC、顺控、智能告警）、采样系统、继电保护系统、故障录波系统、计量系统、设备状态监测系统、网络状态监测系统等。

（5）重要性能验收测试。根据联调的进度，适时开展全站性能指标验收检测，对联调的效果作出整体评估。在全站网络按照工程设计连接完毕后，模拟系统正常运行、异常和故障情况下，检测全站网络的整体性能指标、网络信息安全级别、全站时间同步性能指标等。同时，利用专用检测设备，开展非常规互感器性能、保护采样同步性能等特殊试验项目检测。根据联调智能变电站在电网中的重要性，必要时开展数字动模仿真试验。

（6）验收报告编制。联调工作结束后，整理联调记录，分析总结联调中暴露出的问题，形成出厂联调验收报告，以备存档和现场调试参考。

（7）联调资料归档。智能变电站出厂集成联调工作完成后，整理全站存档资料，形成智能变电站资料库。存档资料包括全站 SCD 文件、IED 名称及地址（IP 地址、MAC 地址）分配表、全站 VLAN 划分图表、交换机端口分配图、虚端子设计图纸、保护config文件、程序版本号等文档，以供变电站技改或扩建时制订技术方案使用。

3.4.2 现场调试阶段主要流程

1. SCD实例化

出厂联调完成后，现场调试开始前，应根据现场施工设计图纸，修改SCD文件智能终端中“普通遥信”数据集DOI description/dU Attribute描述，测控装置站控层“遥信开入”数据集信号描述，进行后台遥信信号实例化工作。

联系各级调度及时提供全站调度命名及编号，完善后台各间隔信号实例化工作和相关图形界面。

2. 各智能装置配置

下装CID、GOOSE、程序打包软件等至各智能装置。

3. 全站网络通信检查

主要包括站控层网络接线检查、交换机配置、各层设备通信正常，光功率及裕度测试。

4. 站控层系统配置

完成监控后台、网络报文分析、故障录波、保护故障信息子站等系统配置。

5. 一次设备本体相关回路调试

开展互感器测试、现场一次设备本体相关电缆接线调试等工作。

6. 后台“四遥”试验

(1) 全站遥信试验。全站遥信试验主要包括一次设备位置及状态信号、二次设备的动作及报警信号。

一次设备位置及状态信号以硬触点形式输入智能终端，智能终端以GOOSE报文的形式将一次设备位置及状态信号传送至保护测控装置，由保护测控装置以MMS的形式送至站控层监控后台及远动机，并由远动机传输至远方调控中心。

测试二次设备的动作信号及报警信号时，实际模拟产生相应信号，然后在本站监控后台服务器上检查相应信号变化是否正确且及时，同时需在调控中心的主站上检查相应信号变化是否正确、及时。

（2）全站遥测试验。全站遥测试验的项目及内容同系统集成测试时的遥测测试一致，只是现场调试时要在调控中心的主站上检查遥测量是否正确，同时检验模拟量功率计算的准确度。

（3）全站遥控试验。全站遥控试验是对全站所有可控一次设备进行控制操作，其正确性是顺序控制的基础。遥控试验主要内容包括：

1）从后台和调控中心主站逐一控制变电站所有可控一次设备，同时检查站内后台人机界面、主站界面和相关装置信息的正确性。

2）从后台和调控中心主站逐一控制变电站所有二次设备可控的软连接片，同时检查站内后台人机界面、主站界面和相关装置信息的正确性。

7. 保护整组试验

保护整组传动测试主要验证从保护装置出口至智能终端，直至断路器回路整个跳、合闸回路的正确性，保护装置之间的启动失灵、闭锁重合闸等回路的正确性。其中，保护装置至智能终端的跳、合闸回路和装置之间的启动失灵、闭锁重合闸回路是通过网络传输的软回路；而智能终端至断路器本体的跳、合闸回路是硬接线回路，与传统回路基本相同。保护装置接口数字化后已不再包含出口硬连接片，出口受保护装置软连接片控制，而传统的出口硬连接片也并未取消，而是下放到智能终端的出口。因此，保护整组传动试验在验证整个回路的同时需对回路中保护出口软连接片、智能终端出口硬连接片的作用分别进行验证。

8. 站控层系统联调

站控层测试主要包括监控后台测试、远动装置测试、同步时钟装置测试、网络报文记录分析装置测试和保护信息子站测试。

9. 一次通流通压试验

一次通流、加压试验是对电压、电流回路和互感器极性以及变化进行全面检查，主要包括极性检查、一次通流、一次加压。

（1）极性检查。电流互感器极性是保护的一个重要指标。电子式电流互感器不存在二次输出端，而现场一次安装有可能出错，因此，现场必须对所有电子式电流互感器的极性进行检查，以保证安装的正确性。在极性检查的同时需要检查 SV 输出中所有通道的极性。

（2）一次通流。一次通流是变电站启动前，对 SV 电流回路和电子式电流互感器变比、相序及极性进行最后一次全面校核。对电流互感器一次通入一定的电流，检查保护、测控、计量、故障录波器、PMU、监控后台等相关设备上电流一次或二次显示值的正确性，需要同时检查幅值和相角。

（3）一次加压。一次加压是变电站启动前，对SV电压回路和电子式电压互感器变比、相序及极性进行最后一次全面校核。对电压互感器一次施加一定的电压，检查保护、测控、计量、故障录波器、PMU、监控后台等相关设备上电压一次或二次显示值的正确性，需要同时检查幅值和相角。

10. 高级应用系统试验

（1）顺序控制试验。顺序控制是将典型操作票转换成任务票，由监控系统按操作顺序执行操作任务，减少人为干预。顺序控制包括一次设备运行状态的操作和二次设备的功能投退。顺序控制试验主要进行以下项目测试：

1）按典型顺序控制操作票，在站内监控后台上逐一检验全部顺序控制功能；

2）按典型顺序控制操作票，在调控中心主站上逐一检验全部顺序控制功能；

3）在各种主接线和运行方式下，检验自动生成典型操作流程的功能；

4）抽检顺序控制的急停功能。

（2）全站“五防”联闭锁试验。全站“五防”联闭锁试验是按照设计院提供的联闭锁逻辑表，测试每个可控一次设备的“五防”联闭锁逻辑是否正确。整个监控系统“五防”联闭锁逻辑分为三层，即站控层监控后台或远动装置的“五防”联闭锁逻辑、间隔层测控的“五防”联闭锁逻辑、一次设备本体的电气联闭锁，三层闭锁逻辑是相互串联的关系，相互之间无联系。全站“五防”联闭锁试验需要分别验证这三层逻辑的正确性。

4 智能变电站通信规约测试

4.1 IEC 61850 技术特点

为适应变电站自动化技术的迅速发展，IEC TC57 技术委员会提出了建立变电站内智能电子装置（IED）间无缝通信的一个全球范围标准——IEC 61850。该标准旨在以面向对象方法建立变电站 IED 统一的数据模型和服务模型，解决变电站自动化系统中不同供应商提供的 IED 之间的数据交换、信息共享。其技术特点如下：

（1）使用面向对象建模技术，对象实现自我描述。物理装置包含服务器，服务器又包括逻辑设备、逻辑节点、数据对象三层，定义了相应信息收集的方法以及数据对象、逻辑节点和逻辑设备的代号，并规定了命名方法。任何数据对象按照命名方法，可以被唯一地标识。因而任何数据对象、数据类型均可进行自我描述。采用对象自我描述的方法，可以满足应用功能发展的要求，以及不同用户和制造厂传输各种不同信息的要求，对于应用功能也是开放的。IEC 61850 同时也涵盖了 IEC 60870－5－101 和 IEC 60870－5－103 的数据对象。

（2）根据电力系统的特点归纳所需的服务类。根据数据对象分层和数据传输有优先级的特点定义了一套收集和传输数据的服务。定义了抽象通信服务接口（ACSI）和特殊通信服务映射（SCSM）。ACSI 独立于所采用的网络的应用层协议（如现在采用的 MMS）和网络协议（如现在采用的 IP），是一个服务集。在和具体网络服务接口时，采用特定的映射。只需定义特定的映射，将来任何满足电力系统数据传输要求的网络都可以被电力系统所采用，这样就实现了面向网络开放，可以适应网络技术迅猛发展的形势，适用于不同规模、不同电压等级变电站自动化系统通信对不同带宽通信介质的需求。

（3）具有面向未来的、开放的体系结构。使用分层、分布体系，从过程层到间隔层，从间隔层到变电站层，甚至从变电站层到控制中心都采用以太网结构。并且应用 IEC 61850 可以在变电站层或远方控制中心计算机系统实时监视到远程各 I/O 的动作状态，具有速度快、可靠性高等特点。由于 IEC 61850 定义了抽象的通信体系结构而与通信网络拓扑结构无关，因而有利于新型的网络通信技术在变电站自动化通信中的应用。

（4）大部分 ACSI 服务经由 SCSM 映射到所采用的 OSI 七层网络通信体系，使用 MMS 技术作为应用层通信协议。MMS 采用了数据与通信相对独立的传输方式，定义了对象模型和服务。其数据传输理念与 IEC 61850 的设计思想一致。由于 SCSM 可适用于不同应用层协议，即 MMS 是可选的，完全可以由另一个未来的适合的通信协议所替代，因而便于实现无缝通信。

（5）实现网络兼容和操作兼容。在所有控制层次都是无缝的协议栈，因而具有互操作性，便于在系统的运行过程中建立统一的数据库管理系统，采用唯一的统一命名进行访问，以及建立统一的编程环境，用于系统分析、建模以及将来的系统升级和维护。与以往变电站通信协议不同，IEC 61850 不仅仅是一个简单的通信协议，同时涉及通信网络的一般要求、环境条件和附加服务要求。其中包括品质要求［如可靠性、可用性、可维护性、安全性和数据整合等（IEC 61850－3）］、工程要求（如工程参数配置和文件化以及工程工具）、对厂家的要求和对用户的要求等（IEC 61850－4），并且包括对系统的一致性测试要求以及对设备的一致性测试要求等（IEC 61850－10）。

制定 IEC 61850 的目的在于实现不同厂家之间产品的互操作性，从而降低工程的周期和成本，为制造商和用户带来利益，可见 IEC 61850 规约语义的一致性对该标准的推广和应用非常关键。但是，作为一个国际通用的通信标准，IEC 61850 通信协议仅对 IED 信息交互的 80% 进行了定义，另外 20% 是选择项。为了确保不同厂家 IED 间互操作性的现实，IEC 61850 详细规定语义一致性的测试步骤，即 IEC 61850－10 部分。

4.2 IEC 61850 一致性测试技术

一致性测试是指验证通信接口与标准要求的一致性，验证串行链路上数据流与有关标准条件的一致性，例如访问组织、帧格式、位顺序、时间同步、定时、信号形式和电平，以及对错误的处理。实现各生产厂家的互操作性是标准的主要目的之一。

IEC 61850 协议测试技术主要包括一致性测试（Conformance Testing）和互操作测试（Interoperability Test）。其中设备的一致性测试是用一致性测试系统或模拟器的单个测试源测试单个设备系统，互操作性测试是利用个运行系统进行互操作性测试，由分析仪检验其信息交换过程。一致性测试是互操作性测试的基础，从一致性陈述可以大致知道该设备的互操作能力。若要进一步评价，则须进行相应的互操作性测试。

4.2.1 一致性测试

一致性测试主要是确定被测实现（Implementation UnderTest，IUT）是否与标准规定相一致。通常以一组测试案例序列，在一定的网络环境下，对被测实现进行黑盒测试，通过比较 IUT 的实际输出与预期输出的异同，判定 IUT 是否与协议描述相一致。一致性测试应由第三方机构执行，以保证测试结果的公正性、专业性和权威性。

根据 ISO/IEC 9646 标准系列定义的协议一致性测试方法，主要包括三部分内容，即抽象测试集（ATS）、协议实现一致性说明（PICS）和协议实施附加信息（PIXIT）。ATS 规定某一标准协议的测试目的、测试内容和测试步骤；PICS 说明实施的要求、能力及选项实现的情况；PIXIT 提供测试必需的协议参数。可执行测试集（ETS）在以上三部分的基础上生成。其测试步骤如下：

首先是静态测试。测试仪读取 PICS/PIXIT 文件并根据协议标准进行静态测试，检查 IUT 参数说明是否符合标准。

其次是动态测试。测试仪根据 PICS/PIXIT 文件和 ATS 生成 ETS，然后执行 ETS 对 IUT 进行测试。

最后是测试报告。对测试执行产生的测试记录文件进行分析，按照测试报告描述规格生成一致性测试报告。一致性测试报告记录了所有测试案例的测试结果，即成功（PASS）、失败（FAIL）、不确定（INCONCLUSIVE）。

4.2.2 互操作测试

互操作测试评价被测实现与相连接相似实现之间在网络操作环境中是否能够正确地交互并且完成协议标准中规定的功能，从而确定被测设备是否支持所需要的功能。互操作测试通常用于研发阶段多厂商准正式测试或者运营商的选型测试，提供重要的互通信息。

在互操作测试中，采用最多的形式是测试单位选择经互操作认可的设备来与被测设备进行互操作测试，认可设备可能是终端设备、网络设备或者应用软件，也可能是一个单独设备或者若干设备组合。

认可设备（可能是一个或若干设备）和被测设备共同定义测试边界，二者来自不同厂商。互操作测试基于用户期望的功能，并由用户控制并观察测试结果。用户可以是人工操作，也可以是软件程序。互操作测试主要关注设备功能，而不关心协议细节。

互操作测试主要包括开发互操作测试规范和具体互操作测试过程两个部分。开发互操作测试规范类似于制定一致性测试规范，不过这个过程通常由进行互操作测试者根据关注测试功能要点进行制定，是互操作测试中最重要的部分。具体互操作测试过程和一致性测试过程类似，同样包括测试准备、具体测试、测试报告三个步骤。

4.2.3 一致性测试和互操作测试的关系

一致性测试和互操作测试都是测试协议实现重要而有效的方法，它们之间在某种程度上可以相互验证，但二者是有区别的。主要在于测试级别和目的不同，一致性测试是在协议级，而互操作测试是在功能级；一致性测试是确定被测实现是否与标准规定一致，而互操作测试是确定被测设备是否完成要求的功能。

实际测试中，一致性测试通过也并不能保证互操作测试一定可以通过。最根本的原因是一致性测试使用标准规定的绝对完整和正确是不现实的，其中也包含各个标准制定、实施中理解不同与利益妥协等问题。如：标准中错误与含糊内容，标准本身的兼容性问题；人为错误（如编程错误），对于通信标准不同理解，标准本身允许不同选项；通信网络使用不同流量策略，设备兼容性问题，设备配置问题等。

同样，互操作测试也不能替代一致性测试。互操作测试仅仅可以证实被测系统中不同设备之间的互操作能力，而不能证实设备是否符合标准。所以，一致性测试和互操作测试是互为验证、互为补充的关系，只有把两者合理地结合才能完成完整的协议测试。

4.3　一致性测试术语及标准

4.3.1　测试术语

为便于测试流程的说明，以下对本书中所涉及的与一致性测试流程相关的主要名词术语进行介绍。

1. 出厂测试（FAT）

顾客所接受的特定的变电站自动化设备制造商所生产的特定功能的产品的性能测试，或者该设备的使用用途是在某些特定的场合和领域中而采用的特定的环境测试。该测试主要在设备的出厂环境和特定使用环境中进行。

2. 互操作性（interoperability）

两个或更多的智能电子设备之间共享信息，并在此信息的基础上进行正确的相互合作。

3. 模型实现一致性陈述（MICS）

详细说明了由系统或设备支持的标准数据对象模型元素。

4. 否定测试

说明系统或设备在此测试条件下的反应：依照 61850 标准的信息服务要求，在系统和设备测试中没有实现的功能；在系统测试中没有满足标准的信息和服务发送给测试设备。

5. 协议实现一致性陈述（PICS）

所测试的系统和设备通信能力的概要说明。

6. 协议实现额外信息（PIXIT）

协议实现额外信息的测试文本包含系统或设备特定的信息，如通信能力测试和标准范围之外的能力。协议额外信息并不要求满足标准化。

7. 常规测试

设备制造商进行的，主要为了保证设备的可操作性和安全性的测试。

8. 系统相关测试

验证智能电子设备和变电站自动化设备在特定应用条件下的正确行为。系统相关测试是智能电子设备在变电站自动化产品测试中的最后一步。

9. 测试设备

一方面指为验证输入输出所搭建的变电站自动化操作环境，如气体开关、变压器、网络控制中心或者通信连接单元等工具和仪器；另一方面指在变电站自动化系统中智能电子设备之间互联的链路。

4.3.2 测试标准

（1）DL/T 860.1—2004（IEC 61850－1：2003）《变电站通信网络和系统 第1部分：介绍和概述》。

（2）DL/T 860.2—2006（IEC 61850－2：2003）《变电站通信网络和系统 第2部分：术语》。

（3）DL/T 860.3—2004（IEC 61850－3：2002）《变电站通信网络和系统 第3部分：总体要求》。

（4）DL/T 860.4—2004（IEC 61850－4：2002）《变电站通信网络和系统 第4部分：系统和项目管理》。

（5）DL/T 860.5—2006/IEC 61850－5：2003《变电站通信网络和系统 第5部分：功能的通信要求和装置模型》。

（6）DL/T 860.6—2008/IEC 61850－6：2004《变电站通信网络和系统 第6部分：与变电站通信有关的智能电子设备的配置描述语言》。

（7）DL/T 860.71—2006/IEC 61850－7－1：2003《变电站通信网络和系统 第7－1部分：变电站和馈线设备的基本通信结构原理和模型》。

（8）DL/T 860.72—2004/IEC 61850－7－2：2003《变电站通信网络和系统 第7－2部分：变电站和馈线设备的基本通信结构抽象通信服务接口（ACSI）》。

（9）DL/T 860.73—2004/IEC 61850－7－3：2003《变电站通信网络和系统 第7－3部分：变电站和馈线设备的基本通信结构公用数据类》。

（10）DL/T 860.74—2006《变电站通信网络和系统 第7－4部分：变电站和馈线设备的基本通信结构 兼容逻辑节点类和数据类》。

（11）DI/T 860.8—2006《变电站通信网络和系统 第8－1部分：特定通信服务映射（SCSM） 映射到MMS（ISO/IEC 9506－1和ISO/IEC 9506－2）和ISO/IEC 8802－3》。

（12）DL/T 860.92—2006/IEC 61850－9－2《变电站通信网络和系统

第9－2部分：特定通信服务映射（SCSM） 映射到ISO/IEC 8802－3的采样值》。

（13）DL/T 860.10—2006《变电站通信网络和系统 第10部分：一致性测试》。

（14）UCA IUG：Quality Assurance Program for IEC Device Implementation Testing and Test System Accreditation and recognition，Version 2.0，17 June，2006。

（15）Implementation Guideline for Digital Interface to Instrument Transformers using IEC 61850－9－2（IEC 61850－9－2LE），UCA International Users Group，2004－3－1。

4.4 一致性测试的结构与流程设计

一般而言，一致性测试是对设备的功能需求和性能表现进行的综合评判，这些设备主要是变电站自动化内的典型设备，因此基本上需要用到IEC 61850－4内的部分质量测试的一般性定义。根据IEC 61850的定义说明，一致性测试实质是在某种特定的测试环境下说明被测试设备（Device Under Testing，DUT）与其他IED设备的互操作情况。进行一致性测试时，一般需要认识到如下的一些问题：首先，所有的测试都不能达到完美，是一类不完全的测试。尽管测试会尽可能多地包含可能出现的问题，但是不可能包含所有可能出现的问题。其次，因为IED设备的制造商在全球的数量庞大，无法将所有制造商的设备的互操作性均进行测试，所以需要建立标准的仿真测试体系。通信标准不仅仅只规范了通信设备的通信功能，但通信设备的故障测试不在此一致性测试范围之内。一致性测试的结果不单单通过设备的物理实体反应，还通过测试设备传输的信息和报文情况说明。所以一致性的测试应更加重视协议报文的测试结构，并在此结构的基础上提出合理的测试流程。

4.4.1 IEC 61850标准体系结构

IEC 61850将变电站自动化系统的功能在逻辑上分为变电站层、间隔层、过程层三层，如图4－1所示。

（1）变电站层。变电站层的主要任务是：①通过高速网络汇总全站的实

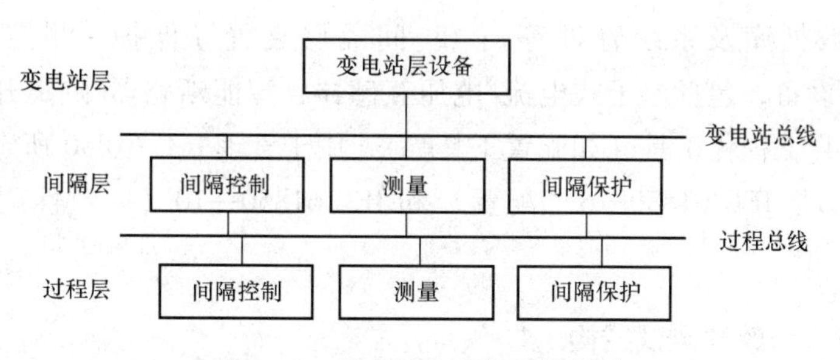

图4-1 变电站自动化系统分层

时数据信息，不断刷新实时数据库，按时登录历史数据库；② 按既定协约将有关数据信息送往调度或控制中心；③ 接收调度或控制中心有关控制命令并转间隔层、过程层执行；④ 具有在线可编程的全站操作闭锁控制功能；⑤ 具有（或备有）站内当地监控、人机联系功能，如显示、操作、打印、报警等功能以及图像、声音等多媒体功能；⑥ 具有对间隔层、过程层设备的在线维护、在线组态、在线修改参数的功能；⑦ 具有（或备有）变电站故障自动分析和操作培训功能。

（2）间隔层。间隔层的主要功能是：① 汇总本间隔过程层实时数据信息：② 实施对一次设备保护控制功能；③ 实施本间隔操作闭锁功能；④ 实施操作同期及其他控制功能；⑤ 对数据采集、统计运算及控制命令的发出具有优先级别的控制；⑥ 承上启下的通信功能，即同时高速完成与过程层及变电站层的网络通信功能，必要时上下网络接口具备双口全双工方式以提高信息通道的冗余度，保证网络通信的可靠性。

（3）过程层。过程层是一次设备与二次设备的结合面，或者说过程层是智能化电气设备的智能化部分，其主要功能可分为三类：① 电气运行的实时电气量检测，即利用光电电流、电压互感器及直接采集数字量等手段，对电流、电压、相位及谐波分量等进行检测；② 运行设备的状态参数在线检测与统计，如对变电站的变压器、断路器、母线等设备在线检测温度、压力、密度、绝缘、机械特性以及工作状态等数据；③ 操作控制的执行与驱动，在执行控制命令时具有智能性，能判断命令的真伪及其合理性，还能对即将进行的动作精度进行控制，如能使断路器定向合闸，选相分闸，在选定的相角下实现断路器的关合和开断，要求操作时间限制在规定的参数内。遵循 IEC 61850 标准的变电站自动化系统主要包括：① 主站自动化系统软件（人机界面、数据库及系统管理等）；② 间隔层装置（保护、测控单元等）；③ 过程层设备，包括电子式电流/电压互感器、智能断路器/隔离开关、合并单元等；④ 工程化工具（如配置工具等），用于管理IEC 61850所定义的通信模型，并满足IEC 61850—6（配置）和IEC 61850—10（一致性测试）的规范要求。

4.4.2 一致性测试结构

一致性测试系统的结构如图4－2所示。首先要有被测试设备（DUT），例如保护或智能控制设备。可以用一个通信仿真器作为用户或服务器，通过以太网向DUT请求发送并记录和处理结果信息。

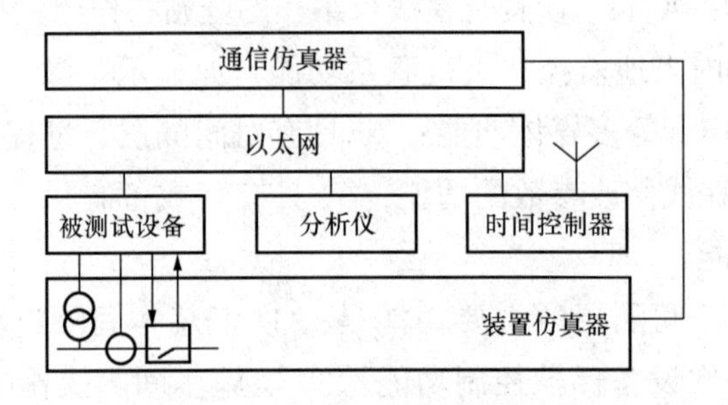

图4－2 一致性测试系统的结构

一个网络上的后台负载可由另外一个负载仿真器提供，包含电流互感器、电压互感器和仿真开关，进行环境仿真，并与通信仿真器互相通信，提供数据传输和控制服务。与此同时，装置仿真器还配有IED配置工具。IED配置工具是基于SCL的实现IED配置的专用工具，它能够输入、输出IED的专用定值，产生IED特定的配置文件。主要由人机接口模块、IED配置模块、数据类型模板配置模块、语法检查模块和IED数据库模块等组成。

用一个网络分析仪来监控测试过程中出现的错误，分析所得检测结果。网络分析仪能够采集并分析以太网上IEC 61850的信息流量，并可以用来记录网络事件、监控网络安全以及建立连接并检验系统配置等。网络分析仪在鉴别和最小化互操作危险方面扮演很重要的角色。试验中使用了IEC 61850协议分析工具——协议测试机构KEMA公司的UniCA61850分析器软件。它是一种能够捕获并分析以太网上TASE.2和UCAZ10或IEC 61850通信的软件工具。使用该工具可捕获并解释通信设备间的各层协议报文，详细记录整个通信过程，因而可用于分析 IEC 61850 功能模型结构/属性实现是否合乎要求、协议映射是否正确、参数设置是否合理等。在标准化试点研究过程中，使用了第三方工具 Uni 以起到了客观、公正地进行分析和评价的作用。还有一个时间控制器用来监控时间和做同步。

以上设备组成了 IEC 61850 一致性测试的框架结构。如果开发的装置作为客户运行，则通信仿真器将作为仿真服务器的角色运行；若开发的装置要作为服务器运行，则通信仿真器将用作仿真客户来测试以验证其要求的通信功能。实验主机内集成 KEMA UniCA61850 测试软件和 IEC 61850 客户端监控软件，完成对远方 IEC 61850 变电站自动化系统的测试和客户端监控。配置主机内集成系统配置工具软件，实现对变电站自动化系统的配置。此外，本系统还在变电站当地设置一台模拟主机。模拟主机集成 IED 服务器端模拟器软件和 IED 配置工具软件，用于 IED 服务器端模拟器功能和 IED 配置功能的实现。

4.4.3　一致性测试过程

根据 IEC 61850—10 中的定义，一致性测试过程首先要根据 PICS、MICS 和静态一致性要求进行设备的静态性能检查，由 PIXIT 参考进行选择和参数化，在此过程中依照动态一致性要求进行一致性测试。初始化完成后进行动态测试，测试内容包括基本互连测试、能力测试、行为测试和结果分析。最终完成一致性检查，综合完成结论，编写测试报告。其流程如图 4 – 3 所示。

由图 4 – 3 可知，对于每个被测单元（DUT）的能力进行一致性测试，要根据模型实现一致性陈述（MICs）、协议实现一致性陈述（PICs）和协议实现额外信息（Pixrr）做测试内容和参数的选择。MICS 文件详细说明了由系统或设备支持的标准数据对象模型元素。Mles 在按 xEe61850—6 编写的变电站配置描述（seD）文件中实现。Ples 文件是被测系统或设备通信能力的汇总，规定了静态和动态一致性要求。对于不同的 SCSM 定义具体的 PICS、PICS 有 3 种目的：

（1）适当的测试组合的选择。

（2）保证执行适合一致性要求的测试。

（3）提供检查静态一致性的基础。

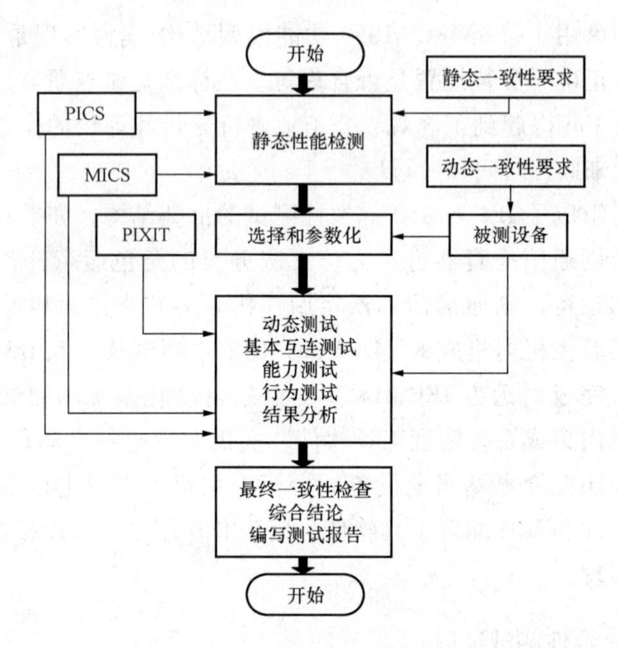

图 4－3　一致性测试过程流程图

—控制流；—数据流

Pixrr 文件用于测试的协议实现额外信息。在测试过程中，需要一些预先设定的参数来配合 DUT 的运行。DUT 为变电站内遵循 IEC 61850 标准的设备，测试针对系统功能分解后的最小对象单位。依照 IEC 61850 标准，检验 DUT 的数据、功能和设备模型，包括抽象通信服务接口及其到特定通信协议的映射和互操作性。具体的测试内容如下：

（1）确定系统结构（环境）。系统设备包括被测设备、测试设备、集中式 HuB、标准时钟源、信号源等。系统网络结构按 2 层配置，仅有站级总线，不含过程层设备和过程总线，过程层和间隔层功能合并。IEC 61850 的客户端和服务器端分别位于站控层和间隔层。软件工具包括 IEC 61850 客户端监控软件、IEC 61850 服务器端模拟器、协议分析工具（KEMA、uniCA61850）、系统配置工具、IED 配置工具。

（2）提交测试所需设备及文件。被测方提供的文件包括 DUT 的 ICD 文件、PICS 文件和 MICS 文件。

（3）按 IEC 61850—10 规定的步骤和方法逐项进行测试，包括肯定和否定测试。主要内容包括：① 文件检查和设备型号控制（DUT860.4）；② 按照标准句法（DL/T 860.6）对设备配置文件进行测试；③ 按照设备相关的对象模型（DL/T 860.74，DL/T 860.73）进行配置文件测试；④ 按照 DL/T 860.81、DL/T 860.91 和 DL/T 860.92 进行协议栈的测试；⑤ 按照 DL/T 860.72 进行抽象通信服务的测试；⑥ 按照 DL/T 860 在通则中给出的规定，进行设备规定扩展的测试。

4.5 测 试 内 容

4.5.1 文件及配置检查

1. 文件和版本测试

检查被测方的 PICS、MICS 和 PIXIT 文件是否和 DUT 的硬件或软件版本相符（DL/T 860.4）。

（1）PICS 协议实现一致性声明，通常按 DL/T 860 - 7 - 2 附录格式描述。

（2）MICS 模型实现一致性声明，通常按 DL/T 860 - 7 - 3/4 格式描述。

（3）PIXIT 用于测试协议实现的额外信息，如用于间隔层的服务器端 DUT 可能需提供下列信息：

1）最多可支持同时多少客户关联；

2）是否有判别通信端口断开的功能；

3）报告控制块（BRCB、URCB）的触发条件、任选域和有关参数；

4）GOOSE 报文的收发能力及报文接收处理能力；

5）采样值 SCSM 类别及报文接收处理能力；

6）控制时的各种参数；

7）是否有判别失去时间同步并作为事件的功能等。

2. 配置文件测试

（1）检测智能电子设备性能描述（ICD）配置文件与变电站配置描述语言（SCL）文件类型定义是否一致（DL/T 860.6）。

（2）检测 ICD 配置文件与网络上 DUT 实际数据类型和服务一致性。

（3）检验 IED 配置工具按 SCD 文件对 DUT 配置的正确性。

3. 数据模型测试

（1）检查每一个逻辑节点的强制对象是否存在（强制 = M，可选 = O，条件 = C）。

（2）检查有条件的对象是否存在，是否正确。

（3）检查每个逻辑节点的所有对象的数据类型。

（4）检验来自设备的数据属性值是否在规定范围（在整个测试中连续有效）。

若被测方有特定数据模型扩展时，检查特定扩展是否按照标准（采用名字域）实现。需要被检测的数据模型映射包括以下几项：

1）检验名字长度和对象扩展；

2）检验功能组件的结构；

3）控制块和日志的名称。

4.5.2 通信服务功能测试

按照 DL/T 860 一致性测试要求，逐项测试以下各项，检验设备间互操作性。通过 IEC 61850 客户端工具软件 DL/T 860 Client/Server 和 omicron IEDScout 对各 IED 测试子项目进行测试。

ACSI 模型和服务映射包括：① 应用关联（Ass）；② 服务器、逻辑设备、逻辑节点、数据和数据属性模型（Srv）；③ 数据集模型（Dset）；④ 定值组控制模型（Sg）；⑤ 报告控制模型（Rpt）；⑥ 日志控制模型（Log）；⑦ 通用变电站事件模型（Goo）；⑧ 控制模型（Ct1）；⑨ 取代模型（Sub）；⑩ 采样值传输模型（Sv）；⑪ 时间和时间同步模型（Tm）；⑫ 文件传输模型（Ft）。

每一个 ACSI 模型和服务的测试项应依据下列 2 种方式分别进行：

1）肯定的：正常的条件验证，响应正确。

2）否定的：异常的条件验证，响应失败。

为节省篇幅，下面仅列出了各测试项目的肯定测试（见表 4－1～表 4－13），以给出模型和服务测试的概貌，详细内容参见 DL/T 860.10 一致性测试。

表 4－1　应用关联模型测试

测试项目	测 试 描 述
ASS1	关联和释放一个 TPAA 关联（DL/T 860.72—2004 中的 7.4）
ASS2	关联和客户异常中止 TPAA 关联（DL/T 860.72—2004 中的 7.4）

表 4－2　服务器、逻辑设备、逻辑节点、数据和数据属性模型测试

测试项目	测 试 描 述
Srv1	请求 GetServerDirectory 并检查应答（DL/T 860. 72—2004 的 6. 2. 2）
Srv2	从 GetServerDirectory 的应答中任选一个 LD，发 GetLogicalDeviceDirectory 请求，并检查应答（DL/T 860. 72—2004 的 8. 2. 1）
Srv3	从 GetLogicalDeviceDirectory 的应答中任选一个 LN，发 GetLogicalNode Directory 请求并检查应答（DL/T 860. 72—2004 的 9. 2. 2）
Srv4	从 GetLogicalNodeDirectory 的应答中任选一个 DATA 发 a）GetDataDirectory 请求并检查应答（DL/T 860. 72—2004 的 10. 4. 4） b）GetDataDefinition 请求并检查应答（DL/T 860. 72—2004 的 10. 4. 5） c）GetDataValues 请求检查应答（DL/T 860. 72—2004 的 10. 4. 2）
Srv5	对全部功能约束请求 GetAllDataValues 并检查应答（DL/T 860. 72—2004 的 9. 2. 3）
Srv6	对每个可写 DATA 发一个 SetDataValues 请求并检查应答（DL/T 860. 72—2004 的 10. 4. 2）；发一个 SetDataValues 数据值的最大数的请求并检查应答

表 4－3　数据集模型测试

测试项目	测 试 描 述
Dset1	请求 GetLogicalNodeDirectory（DATA－SET）并检查应答（DL/T 860. 72—2004 的 9. 2. 2） 从 GetLogicalNodeDirectory(DATA－SET)的应答中任选一个 DataSet 发 GetDataSetDirectory 请求并检查应答（DL/T 860. 72—2004 的 11. 3. 6）
Dset2	用 GetDataValues 和 SetDataValues 验证 SetDataSetValues 或 GetDataSetValues
Dset3	请求 CreatDataSet 建立具有一个和多个可能成员的永久或非永久数据集并检查应答及成员（DL/T 860. 72—2004 的 11. 3. 4）
Dset4	建立和删除永久或非永久的数据集，验证每个数据集都能正常被创建；重复建立和删除过程一次

表 4－4　取代模型测试

测试项目	测 试 描 述
Sub1	使 SubEna 非使能和设置 SubVal、SubMag、SubCMag、SubQ，验证当 SubEna 非使能时取代的值不传送，而当 SubEna 使能时应被传送（DL/T 860. 72—2004 的 12）

表4-5　定值组模型测试

测试项目	测试描述
Sg1	请求 GetLogicalNodeDirectory（SGCB）并检查正确应答
Sg2	检验下述定值组状态机路径（DL/T 860.72—2004 的图18）： 1）SelectEditSGValues; 2）使用 SetSGValues［FC = SE］改变值； 3）使用 GetSGValues［FC = SE］校验新值； 4）ConfirmEditSgValues
Sg3	检验下述定值组状态机路径（DL/T 860.72—2004 的图18）： 1）SelectActiveSG 第1个定值组； 2）使用 GetSGValues［FC = SG］检验新值为第一个定值组； 3）重复所有定值组
SgcN2	对一激活的定值组（FC = SG）请求 SetSGValues 并检验应答为服务差错
SgcN3	请求 SetSGValues（FC = SE），之后，对另一个定值组 SelectEditSG Values，检验变化将丢失

表4-6　报告控制模型测试

测试项目	测试描述
Rpt 1	请求 GetLogicalNodeDirectory（BRCB）并检查应答： 请求所有应答的 BRCB 的 GetBRCB Values 值
Rpt 2	请求 GetLogicalNodeDirectory（URCB）并检查应答： 请求所有应答的 URCB 的 GetURCBValues 值
Rpt 3	检验 URCB 的可选域： 配置和使能 URCB，其具有全部有用的可选域组合：顺序号、报告时标、包括的原因、数据集名、数据引用、缓存溢出、和/或 entry ID（条目）（DL/T 860.72—2004 的14.2.3.2.21），强制触发一个报告并检验报告包含使能可选域（DL/T 860.72—2004 的14.2.1）
Rpt 4	检验 BRCB 可选域的报告（见 Rpt3）
Rpt 5	检验 URCB 的触发条件： （1）配置和使能 URCB 其具有全部有用的可选域：顺序号、报告时标，包括的原因，数据集合名，数据引用，缓存溢出和 entry ID 并检查报告按照以下触发条件被传送： 1）完整性； 2）数据更新（dupd）； 3）完整性的数据更新； 4）数据变化（dchg）；

续表

测试项目	测 试 描 述
Rpt 5	5）数据和品质变化； 6）完整性周期的数据和品质变化； 7）完整性周期和 BufTime 的数据和品质变化（完整性报告应立即被传送）。 （2）检验 ReasonCode 有效性（DL/T 860.72—2004 的 14.2.3.2.2.9）。 （3）检验当多个启动条件满足时只有一个报告产生（DL/T 860.72—2004 的 14.2.3.2.3.2）。 （4）检验当 RptEna 设置为 True 时报告才可被发送（DL/T 860.72—2004 的 14.2.2.2.5），当报告设置为非使能时，无报告被传送
Rpt 6	检验 BRCB 的触发条件（见 Rpt5）
Rpt 7	对 URCB 的总召唤： 设置 URCB GI 属性启动总召唤过程。发送具有当前数据值的报告。总召唤启动以后，GI 属性复位为 False（DL/T 860.72—2004 的 14.2.2.13）
Rpt 8	对 BRCB 的总召唤，见 RPt7
Rpt 9	缓存报告（BRCB）状态机（DL/T 860.72—2004 的 14.2.2.5 图 20）： （1）检验关联断开后，停止使能报告。 （2）检验改变 DatSet 后，报告缓冲区清零（DL/T 860.72—2004 的 14.2.2.5）
Rpt N2	完整性周期设置为 0，且 TrgOpEna = integrity 不发送完整性报告（DL/T 860.72—2004 的 14.2.2.2.12）
Rpt N3	URCB 排他性使用和丢失关联： 配置 URCB 设置 Resv 属性并使能它。验证任何客户只有 RptEna 可被设置为 FALSE，而且不能写其他属性值（DL/T 860.72—2004 的 14 .2.4.5）
Rpt N4	BRCB 排他性使用和丢失关联： 配置 BRCB 并使能它。验证另一个客户不能设置这个 BRCB 任何属性（DL/T 860.72—2004 的 14.2.1）

表 4-7　记录控制模型测试

测试项目	测 试 描 述
Log 1	请求 GetLogicalNodeDirectory，检查肯定响应
Log 2	对所有响应的 LCB，用功能约束 LG 请求 GetLCBValues
Log 3	当 LCB 停止使能时，用功能约束 LG 请求 SetLCBValues
Log 4	检验记录独立于外部应用关联或其他通信事务
Log 5	检验 LogEna 从停止使能转换为使能或从使能转换为停止使能，引起向记录写入一个记录条目

续表

测试项目	测 试 描 述
Log 6	配置和使能记录，检查下述记录触发条件向记录写入正确条目，包含正确的数据集成员： 1）完整性； 2）数据刷新（dupd）； 3）完整性和数据刷新； 4）数据变化（dchg）； 5）品质变化（qchg）； 6）数据变化和品质变化； 7）整个周期的数据变化和品质变化
Log 7	请求 QueryLogByTime，检查肯定响应
Log 8	请求 QueryLogByEntry，检查肯定响应
Log 9	请求 GetLogStatusValues，检查肯定响应，检验在记录中条目指示最旧/最新的条目 ID/time 可用

表 4-8　　　　通用面向对象变电站事件模型测试

测试项目（DUT 发布）	测 试 描 述
Goo1	请求 GetLogicalNodeDirectory（GoCB）并检查肯定应答
Goo2	检验 GOOSE 的 sqNum 和 stNum 的初始数值应为 1（IEC 61850-7-2：2003 的 15.2.3.5 和 6，IEC 61850-7-2：2003 的 15.3.4.3 和 15.3.4.4）
Goo3	定期发送 GOOSE 报文，检查 GOOSE 带有配置数据的数据：SqNum 增加；引用的 DatSet 中数据值未触发变化时，StNum 不改变（IEC 61850-7-2：2003 的 15.2.3.5，IEC 61850-7-2：2003 的 15.2.3.6）
Goo4	检验 GOOSE 服务：请求带合法参数的服务并检查应答（IEC 61850-7-2：2003 的 15.2.2）。 1）GetReference（IEC 61850-7-2：2003 的 15.2.2.3）； 2）GetGOOSEElementNumber（IEC 61850-7-2：2003 的 15.2.2.4）； 3）GetGoCBValues（IEC 61850-7-2：2003 的 15.2.2.5）； 4）SetGoCBValues（IEC 61850-7-2：2003 的 15.2.2.6）
Goo5	检验在设备加电时，原始 GOOSE 报文的当前数据发送（IEC 61850-7-2：2003 的 15.1）
Goo6	检验 GoEna 使能和非使能 Goose 发送（IEC 61850-7-2：2003 的 15.2.1.3）

续表

测试项目（DUT 发布）	测 试 描 述
Goo7	检验配置版本（IEC 61850－7－2：2003 的 15.2.1.6）
Goo8	检验如果 DatSet 还未配置（是空）NdsCom 属性是 True（IEC 61850－7－2：2003 的 15.2.1.7）

表 4－9　　采样值传输模型测试

测试项目（DUT 发布）	测 试 描 述
SvPp1	请求 GetLogicalNodeDirectory（MSVCB）并检查肯定应答
SvPp2	请求 GetLogicalNodeDirectory（USVCB）并检查肯定应答
SvPp3	检验采样值的传输与在 xSVCB 中设置是匹配的
SvPp4	检验 xSVCB 放在 LLN0 中
SvPp5	检验 xSVCB 配置版本（IEC 61850－7－2：2003 的 16.2.1.6）
SvPp6	检验 ConfRev 代表一个与配置相关的 xSVCB 已被改变的次数，下列情况改变计数： 1）删除数据集一个成员； 2）在数据集内成员重新排序； 3）数据集任何一个属性值变化，整个功能强制等于 CF； 4）改变 xSVCB 一个属性值； 5）ConfRev 不为“0”（零）； 6）检验服务器重新启动后，ConfRev 的值仍然不变

表 4－10　　控 制 模 型 测 试

测试项目	测 试 描 述
SBOes1	SelValReq [test not ok] 否定响应： 用不适当访问权的 SelectWithValue 选择设备，校验设备拒绝访问（DL/T 860.72：2003 的 17.2.2）
SBOes2	SelValReq [test ok] 肯定响应： 用 SelVal 正确选择设备，校验下述路径之一，返回到非选择状态： 1）客户请求撤消； 2）客户等待超时； 3）客户请求 Oper 结果 Test not ok

续表

测试项目	测 试 描 述
SBOes3	SelValReq [test ok] 肯定响应，及 OperReq [test ok] 肯定响应： 用 SelWithValue 正确选择设备，校验下述路径之一返回到非选择状态： 1）客户请求 Oper，完成正确的一次操作请求，驱动设备输出为所期望状态； 2）客户请求 Oper，完成正确的一次操作请求，驱动设备输出，设备输出保持原来状态或出于中间状态

表 4－11　　时间和时间同步模型测试

测试项目	测 试 描 述
Tm1	检验 DUT 支持 SCSM 时间同步
Tm2	检查报告/记录时标准确度符合服务器时标品质

表 4－12　　文件传输模型测试

测试项目	测 试 描 述
Ft 1	用正确参数请求 GetServerDirectory（FILE）检验肯定响应（DL/T 860.72：2003 的 6.2.2）
Ft 2	对于每个响应文件： 1）用正确参数请求 GetFile 检验肯定响应（DL/T 860.72：2003 的 20.2.1）； 2）用正确参数请求 GetFileAttributeValues 检验肯定响应（DL/T 860.72：2003 的 20.2.4）； 3）用正确参数请求 DeleteFile 检验肯定响应（DL/T 860.72：2003 的 20.2.3）
Ft 3	用小的和大的文件以及最大数量文件的最大数检验 SetFile 服务
Ft 4	假如支持与几个客户端关联，则同时由几个客户请求 GetFile 服务

表 4－13　　组 合 测 试

测试项目	测 试 描 述
Comb 1	测试在请求其他服务期间是否报告和控制服务保持规定性能： （1）组合服务：Reproting，Logging，Goose 订阅/发布。Time Sync 带有客户请求服务： 1）使能报告； 2）使能记录； 3）使能 Goose 发送； 4）发送 Goose 报文； 5）使能时间同步；

续表

测试项目	测 试 描 述
Comb 1	6）使能其他支持的服务，这些服务在服务器占用处理时间。 （2）启动所有支持的请求和控制服务。当一个请求时尽快响应发出一个新的请求。连续做10min： 1）请求逻辑服务器、逻辑节点和数据 GetDataValues 服务； 2）请求 GetDataSetValue 服务； 3）请求 GetxRCBValue 服务； 4）请求 QueryLog 服务； 5）请求 GetFile 服务； 6）选择和操作控制对象

4.5.3 应用功能测试

通过自动化系统功能测试，检验各通信设备数据集成员配置是否齐全；控制块配置是否正确；事件能否正确、及时触发，并上送相应报告；逻辑节点中定值、模拟量、状态量数据属性配置是否齐全；控制等参数设置是否正确；通信实时性、稳定性情况，等等。详细测试项目和测试方法见表4－14。

表4－14　　应 用 功 能 测 试

测试项目	测 试 方 法
遥信	逐项测试开入量，查看 Client 显示。 预期：通过报告实时上送变化数据，刷新数据集成员及逻辑节点属性值（位置/状态、时间等），且与信息表一致
遥控	逐项测试开出量，通过 Client 发送控制命令，查看显示。 预期：相应开关动作，并通过报告返回控制结果，刷新数据集成员及逻辑节点属性值，与信息表一致
遥测	逐项测试模拟量，查看 Client 显示。 预期：通过报告实时上送变化数据，刷新数据集成员及逻辑节点属性值，且与信息表一致
保护	逐项测试保护功能，查看 Client 显示。 预期：相应开关动作，通过报告实时上送保护事件变化数据；刷新数据集成员及逻辑节点属性值，且与信息表一致

续表

测试项目		测试方法
定值		逐项测试各定值组，通过 Client 操作选择定值组、编辑定值、切换定值等。 预期：读写定值等化数据，刷新位置/状态、时间，且与信息表一致
联闭锁	间隔设备之间	逐项测试各闭锁信息，通过网络监测软件监测 GOOSE 报文。 预期：正确发送/接收闭锁信息，并执行相应处理
	间隔与过程设备之间	同间隔设备之间测试方法相同
文件传输		通过 Client 发送文件传输命令，查看返回结果。 预期：正确读写配置、录波等文件
其他自动化功能		

4.5.4 性能测试

检验设备和通信长期运行稳定性。全部通信设备按实际工程配置，加电，连续运行测试。同时测试计算机接入交换机测试/调试专用端口（配置为可接收全部网络信息），启动各网络通信测试工具。详细测试项目和测试方法见表 4－15。

表 4－15　性能测试

测试项目	测试方法
变电站层和间隔层通信（Client/Server）	各间隔单元的保护投入所有应开放的功能控制字，整定好合适的定值，定期更换显示器至各板卡，查看运行情况，观察显示器是否打印错误信息。 不定期查看 Client 端，各 Server 端是否与 Client 软件通信中断，查看各板卡数据集是否实时刷新。 预期：各 Server 稳定运行，连接及通信正常，有报告实时/定期上送；Client 端稳定运行，可执行读写等操作
过程层和间隔层通信（Goose、SV）	启动协议分析工具，抓取过程层与间隔层通信报文，检查有无异常。 预期：可捕获到各过程层智能设备（合并单元插件、智能操作箱插件）持续向发送采样值和 Goose 报文
通信对应用功能的支持	进行遥信、遥测、遥控、定值等功能测试，查看各功能能否正确执行。 预期：通信正常，各功能正确执行

4.5.5 测试结果及记录

按照ISO/IEC 9646 的测试结果有以下3 种可能：

（1）通过：监视到的测试结果与一致性要求（测试项的测试目的）一致，及未检测到无效的测试事件，给出此测试结论。

（2）失败：监视到的测试结果与相关的一致性要求（测试项的测试目的）至少有一个不一致，或者根据相关规定至少有一个错误的测试项，给出此测试结论。

（3）无结果：监视到的测试结果既不能得出通过，又不能得出失败的结论，可以给此测试结论。得到这样的结果时，应该找出是否这一结果是由于标准、实现方案或是由于测试过程等原因造成的，再设法解决。

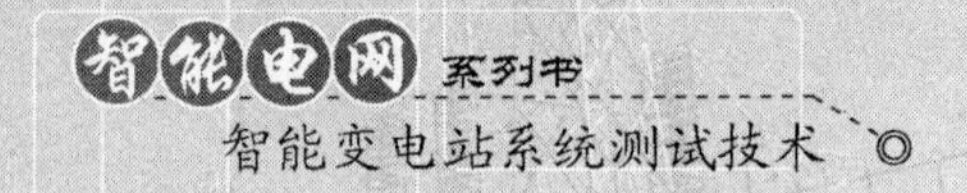

5 智能变电站系统网络性能测试

工业以太网交换机作为智能变电站的二次侧网络信息交换枢纽，其功能、性能及对环境的适应性对于变电站的正常高效运行起着至关重要的作用，并且随着变电站数字化、智能化程度的提高，其重要性也越来越高。

数字化变电站保护跳闸命令、遥控分合命令都以 GOOSE 形式通过以太网发送至执行命令的智能操作箱或智能开关，网络连接的可靠性、数据传输的实时性直接关系到保护的动作行为。GOOSE 传输交换机的重要性变得和常规变电站里传统跳合闸回路一样，要求其必须具有较高可靠性。因此，工业以太网交换机的测试是变电站网络数据交换测试的重点。

对智能变电站网络系统进行功能和性能测试，是为检验智能变电站的网络节点（工业以太网交换机）的功能、性能是否满足需求，验证整站运行后的网络流量是否正常，同时保证网络系统为今后的变电站升级做好功能和性能冗余。智能变电站系统网络性能测评包括三大部分，即网络功能和性能测试、装置抗风暴测试和网络流量测试，测试对象为过程层和站控层工业以太网交换机、所有基于以太网的电力装置。本章主要对智能变电站常见的组网方式、网络性能测试标准及各技术指标的测试方法进行介绍。

5.1 智能变电站系统常见组网方式

随着智能电网技术不断发展，计算机网络技术在智能变电站建设中得到广泛应用。选择合适的网络拓扑结构，是组建计算机网络的第一步，也是实现各种网络协议的基础。同时，网络拓扑结构对网络的性能、系统的可靠性具有重大影响。目前，基本的网络拓扑结构有环形拓扑、星形拓扑、总线拓扑等。

（1）环形拓扑结构：各节点通过通信线路组成闭合回路，环中数据只能单向传输，信息在每台设备上的延时时间是固定的。

（2）星形拓扑结构：一种以中央节点为中心，把若干外围节点连接起来的辐射式互联结构。这种结构适用于局域网，近年来局域网大都采用这种连接方式。

（3）总线拓扑结构：网络中的所有设备通过相应的硬件接口直接连接到公共总线上，节点之间按广播方式通信，一个节点发出的信息，总线上的其他节点均可“收听”到。

基于智能变电站对网络通信实时性及变电站内智能设备互操作性的特殊要求，智能变电站网络采用以站总线和过程总线为中心的星形网络拓扑结构，如图 5－1 所示。

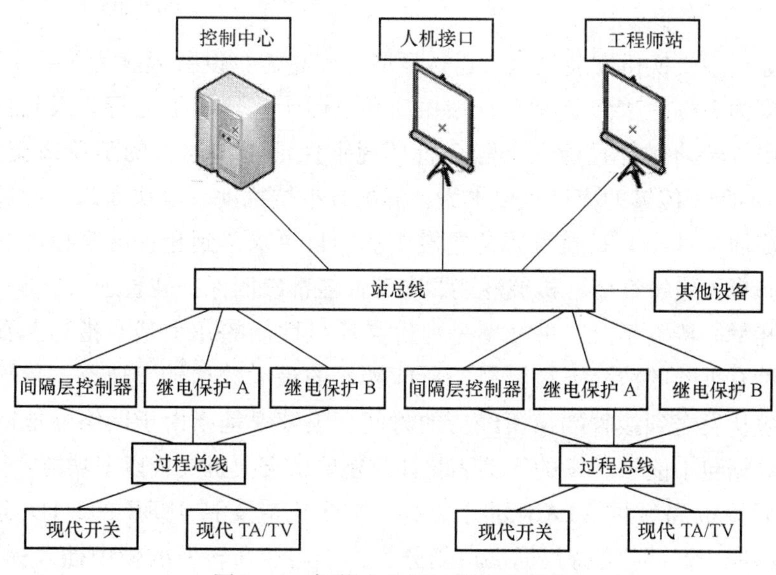

图 5－1　智能变电站网络拓扑结构

5.2　智能变电站系统网络测试标准

智能变电站网络性能测试的标准和依据有：

（1）DL/T 860.81—2006/IEC 61850－8－1：2004《变电站通信网络和系统 第 8－1 部分：特定通信服务映射（SCSM）对 MMS（ISO 9506－1 和 ISO 9506－2）及 ISO/IEC 8802－3 的映射》。

（2）IEC 61850－10：2005《一致性测试》。

(3) RFC 2544：1999《网络互联设备基准测试方法》。

(4) RFC 2889：2000《局域网交换设备基准测试方法》。

(5) YD/T 1099—2005《以太网交换机技术要求》。

(6) 国家电网公司标准《电力专用工业以太网交换机技术规范》。

(7) Q/GDW 429—2010《智能变电站网络交换机技术规范》。

(8) Q/GDW 394—2009《330kV ~750kV 智能变电站设计规范》。

(9) Q/GDW 441—2010《智能变电站继电保护技术规范》。

5.3 智能变电站系统网络的性能指标

变电站中交换机安装的地点运行环境比较恶劣，设备温度为 -40 ~70℃，相对湿度为10% ~95%，常在机械振动和电磁干扰环境下运行，因此宜使用没有风扇等转动元件且能在严酷运行环境下保证正常运行的工业级交换机。对用于 GOOSE 传输的交换机要求为：静电放电抗扰度、电快速瞬变脉冲群抗扰度、浪涌（冲击）抗扰度等抗电磁干扰项目要求达到相关国家标准的 4 级抗扰度。有关绝缘性能、机械性能、电源性能都参照保护装置进行要求。

吞吐量、传输延时、丢帧率是评价交换机性能的几个基本指标。吞吐量是指在没有丢帧的情况下被测链路所能转发的最大数据转发速率；传输延时指数据包从发送到接收端口所经历的时间；丢帧率是指由于网络性能问题造成部分数据包不能被转发的比例。此外，还要求交换机具备以下功能：

(1) 虚拟局域网 VLAN 划分功能。交换机应支持 IEEE 802.1Q 定义的 VLAN 标准，至少应支持根据端口划分方式，支持在转发的帧中插入标记头、删除标记头、修改标记头的功能。

(2) 支持 IEEE 802.1p 流量优先级控制标准。提供流量优先级，应至少支持4 个优先队列；具有绝对优先级功能，应能够确保关键应用和时间要求高的信息流优先进行传输。

(3) 广播风暴抑制功能。可对交换机进行设置，对广播数据按设定策略进行过滤控制，防止过多的广播数据占用带宽影响关键及政策数据转发。

(4) 支持 SNTP 协议。

(5) 端口镜像功能。可将一个或多个端口的进出数据复制到指定监视端口，利于对网络进行分析时接入分析设备而不影响正在运行的网络。

（6）交换机出错自检。端口工况异常等应可进行告警，并有记录可查询。

5.4 智能变电站系统网络性能测试内容

智能变电站系统网络性能测试中常用一些技术指标来衡量网络性能的优劣，下面对部分技术指标进行简单介绍。

（1）吞吐量：对网络、设备、端口、虚电路或其他设施，单位时间内成功传送数据的数量。

（2）网络延时：指一个报文或分组从网络的一端传送到另一端所需要的时间。它包括发送延时、传播延时、处理延时和排队延时。

（3）帧丢失率：数据发出方发出而接收方未接受到的数据占全部发出数据的比例。

（4）网络收敛性：一个路由项的改变，网络中的所有节点全部更新它们的路由表所需时间。

（5）GOOSE 传输功能：变电站自动化系统快速报文传输的能力。

智能变电站系统网络性能测试内容包括网络功能和性能测试、装置抗风暴测试、网络流量测试。

（1）网络功能和性能测试：按照国家电网公司企业标准《电力专用工业以太网交换机技术规范》的要求，对应用于智能变电站网络的工业以太网交换机及其搭建的网络系统进行功能和性能测试。针对每个测试项，设计符合本智能变电站的测试用例，模拟智能变电站中的多种网络运行情况，确保智能变电站关键组网设备的功能和性能满足要求，并适应未来一段时间的发展需求。同时确保站控层和过程层的网络组网方式满足智能变电站需求。

测试内容包括：端口数据转发测试、吞吐量测试、时延测试、帧丢失率测试、背靠背帧数测试、地址缓存能力测试、地址学习速率测试、GOOSE 传输功能测试、VLAN 功能测试、广播抑制功能测试、组播抑制功能测试、所有帧抑制功能测试、优先级测试、网络收敛协议功能测试、级联测试。

（2）装置抗风暴测试：测试网络风暴对电力装置的影响。确保智能变电站网络系统在发生通常的网络风暴及网络攻击的情况下，各个以太网电力装置能够抵御突发流量以及网络异常攻击，接收正常报文，终端设备的状态和功能反应正常。本测试项在被测试的终端设备通信网络上加入带外、带内两种报文，以一定的负载发送报文。带外广播报文的目的mac地址为FF-FF-FF-FF-FF-FF，带内报文在智能变电站系统内抓包获得，以确保带内GOOSE报文的帧格式为终端被测设备接受的帧格式。测试在不同负载的带内、带外网络风暴下，终端设备的状态反应及发生异常的耗时。

（3）网络流量测试：测试在正常和非正常情况（装置故障模拟）下网络的流量，包括网络利用率、网络数据包传输率、错误率等。测试智能变电站网络系统的网络流量和网络协议是否正常，能够在整体上掌握整个数字化站的网络运行情况。在发生异常流量情况下，能够及时找出发生异常的装置，测试的结果能够指导站内网络设置（风暴抑制、优先级设置、网络拓扑顺序等）。

测试内容包括：网络（数据包、丢包、广播、多点传送、字节、利用、错误）、错误描述（不完整数据、太大数据、碎片、模糊帧、CRC校验错误、队列错误、冲突错误）、颗粒分布（64、65-127、128-255、256-511、512-1023、1024-1518字节）。

5.5 智能变电站系统网络性能测试方法

本节以延安330kV智能变电站为工程依托，测试变电站系统级的网络数据交换性能和功能，以此来说明智能变电站系统网络性能测试方法。测试前首先需搭建实际网络系统测试环境，组网后对智能变电站过程层、站控层等网络（SV网、GOOSE网、MMS网）经过采样数据流、分析数据流、构造数据流，搭建更加真实、复杂的智能变电站网络环境，分别发送极限流量和常规流量，以确保变电站关键组网设备的功能和性能满足要求，并适应未来一段时间的发展需求。

5.5.1 网络性能测试

网络性能测试主要工作包括外观检查、一般技术功能测试、吞吐量测试、延时测试、帧丢失率测试、背靠背帧数测试、地址缓存能力测试、地址学习速率测试、GOOSE传输功能测试、VLAN功能测试、优先级测试、网络收敛协议功能测试、端口镜像测试、级联测试等。

1. 外观检查和一般技术功能测试

外观检查和一般技术功能测试的检查内容和技术要求见表5-1。

表5-1 外观检查和一般技术功能测试

尺寸	测量位置	宽（mm）	高（mm）	深（mm）
	实测尺寸			
外观检查	检查内容	技术要求		
	面板	面板无划痕		
	外壳	外壳无明显碰伤、变形		
	指示灯	指示灯无损坏		
	铭牌及厂名	铭牌及厂名字迹清晰		
	电源	装置电源模块应为满足现场运行环境的工业级产品		
	模块化插件	装置应是模块化的、标准化的、插件式结构；大部分板卡应容易维护和更换，且允许带电插拔；任何一个模块故障或检修时，应不影响其他模块的正常工作		
	无风扇设计	应采用自然散热（无风扇）方式		
一般技术功能	接口设计	当交换机用于传输SMV或GOOSE等可靠性要求较高的信息时，应采用光接口；当交换机用于传输MMS等信息时，宜采用电接口		
	光接口性能	波长850nm/1310nm的多模光器件要求：发光功率不小于-14dBm；接口灵敏度不大于-25dBm。 波长1310nm/1550nm的单模光器件要求：发光功率不小于-8dBm；接口灵敏度不大于-25dBm		
	多链路聚合	支持逻辑上多条单独的链路作为一条独立链路使用，支持不少于4个端口的链路聚合；链路聚合功能开启过程中不应有数据丢失现象		
	管理功能	支持网络管理协议SNMPv2、v3		
		提供安全WEB界面管理		
		提供密码管理		
其他	资质报告	应提供具有测试资质的实验室或测试中心出具的单装置测试报告		

2. 吞吐量测试

因标准对此项性能指标未做要求，本测试结果仅供参考。

测试目的：测试MMS以太网交换机，模拟各种网络拓扑下MMS网络数据包传输情况，在无数据包丢失情况下，转发固定长度或混合长度的数据包的最大转发速率。

根据测试方法测试交换机所有端口（包括电口、光口，百兆、千兆），设置具体的发送流量和测试方法，测试时间为60s。测试配置图如图5－2所示，数据传输方式如图5－3所示。以下列举了9个测试用例：

1）2个百兆光口互相收发数据；

2）2个百兆电口互相收发数据；

3）2个千兆光口互相收发数据；

4）14个百兆光口配对，帧定长测试；

5）15个百兆端口发数据，1个百兆端口收数据；

6）8个百兆端口和另外8个百兆端口互相收发数据，帧定长测试；

7）8个百兆端口和另外8个百兆端口互相收发数据，帧长随机测试；

8）16个百兆光口全网状，帧定长测试；

9）16个百兆光口全网状，帧长随机测试。

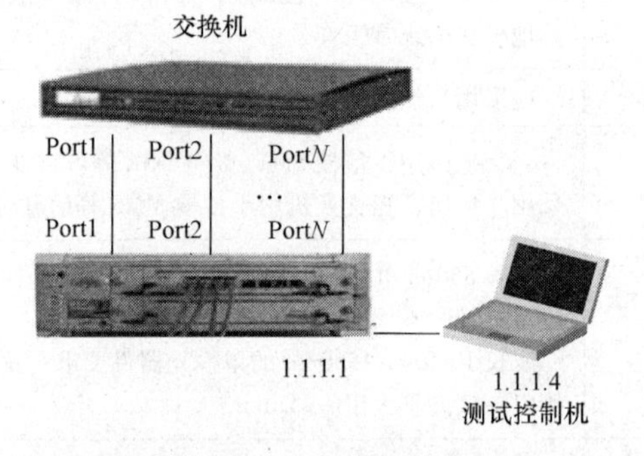

图5－2　测试配置图1

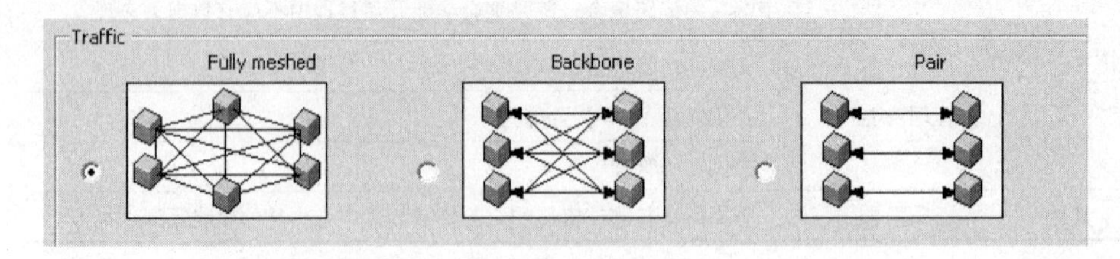

图5－3　数据传输方式1

按照现场交换机配置进行吞吐量测试，在具体进行测试时，可依据现场情况和交换机的端口类型和数量进行添加或减少。

3. 延时测试

因标准对此项性能指标未做要求，本测试结果仅供参考。

延时测试的目的是测试 MMS 以太网交换机，模拟各种网络拓扑下 MMS 网络数据包传输情况，在保证无数据包丢失情况下，转发固定长度一定流量的数据包，确定数据包从发送端到接收端的网络延时。

测试交换机端口分为三类：百兆光口、百兆电口、千兆光口。测试配置图和数据传输方式与“吞吐量测试”相同，分别如图 5 - 2 和图 5 - 3 所示。以下列举了各种测试用例：

1）2 个百兆光口互相收发数据，10%，Full Duplex，Pair；

2）2 个百兆光口互相收发数据，100%，Full Duplex，Pair；

3）2 个千兆光口互相收发数据，95%，Full Duplex，Pair；

4）15 个百兆端口和 1 个百兆端口互相收发数据，1%，Full Duplex，Backbone；

5）15 个百兆端口发数据，1 个百兆端口收数据，1%，Half Duplex，Backbone；

6）15 个百兆端口和 1 个百兆端口互相收发数据，6.6%，Full Duplex，Backbone；

7）15 个百兆端口发数据，1 个百兆端口收数据，6.6%，Half Duplex，Backbone；

8）16 个百兆端口互相收发数据，Full Duplex，fullmeshed。

各个测试用例表明了数据流的方向、大小及发送方式，例如“15 个百兆端口发数据，1 个百兆端口收数据，1%，Full Duplex，Backbone”指 Port1 - 8，Port13 - 19 同时以全双工（Full Duplex）的方式 1% 线速流量与 Port20 互相收发数据；若发送方式为 Half Dulpex 则为半双工的发送方式，其余测试做相应解释。测试中按照现场交换机配置进行延时测试。

4. 帧丢失率测试

标准对此项性能指标未做要求，测试结果仅供参考。

帧丢失率测试的目的是测试 MMS 以太网交换机，模拟各种网络拓扑下 MMS 网络数据帧传输情况，转发固定长度一定流量的数据包，验证数据帧丢失情况。

测试交换机端口（包括光口、电口）支持线速能力，测试时间为 120s。测试配置图见图 5 - 2。测试项目如下：

1）百兆光口轻载帧丢失率；

2）百兆光口重载帧丢失率；

3）百兆光口线速流量帧丢失率；

4）百兆电口轻载帧丢失率；

5）百兆电口重载帧丢失率；

6）百兆光口线速流量帧丢失率；

7）端口过载帧丢失率测试。

5. 背靠背帧数测试

背靠背帧数测试配置图见图5－2。测试交换机端口为Port1、Port2，测试帧长分别为64、128、256、512、1024、1280、1518B；测试时间为2s；重复测试50次。

实测结果：端口负载为100%时，发送帧数等于接收帧数。

6. 地址缓存能力测试

地址缓存能力测试配置图如图5－4所示，测试交换机端口为Port1、Port2、Port3，测试帧长为64B，测试仪器端口Port1和Port2为收发数据帧端口，Port3为监视端口。

7. 地址学习速率测试

标准对此项性能指标未做要求，测试结果仅供参考。

地址学习速率测试配置图见“地址缓存能力”测试配置图5－4，测试交换机端口Port10、Port11，测试帧长为64B，测试仪器端口Port1和Port2为收发数据帧端口，Port3为监视端口。

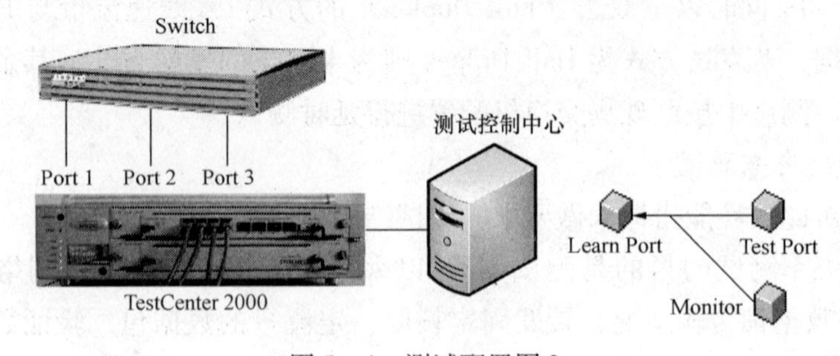

图5－4　测试配置图2

8. GOOSE传输功能测试

变电站通信系统的快速报文GOOSE，不经由TCP/IP层，但其报文重要性很高，要求交换机能正确转发数据。通过搭建客户端/服务器环境，发送/解

析 GOOSE 报文来测试。具体测试项目和描述详见表 5－2。

表 5－2　　GOOSE 传输功能测试项目

测试项目	测试描述	备注
Gop1	请求 GetLogicalNodeDirectory（GoCB），检查响应为肯定的	将测试软件 UniCASim 61850 Server 和 UniCA Analyzer 通过交换机搭建起连接，测试其转发功能
Gop2	定期发送 GOOSE 报文，用配置数据检查 GOOSE 的数据；SqNum 顺序加 1，StNum 不改变（DL/T 860.72—2004 的 15.2.3.6，DL/T 860.72—2004 的 15.2.3.7）	
Gop3	为 GOOSE 检验 stNum 的初始值为 1，sqNum 的初始值为 0（DL/T 860.72—2004 的 15.2.3.6 和 7，DL/T 860.72—2004 的 15.3.4.4 和 15.3.4.5）	
Gop4	强迫 GOOSE 数据集中一个数据值改变，DUT 应按配置发送报文，stNum 加 1，sqNum 从 0 计数	
Gop6	GoEna 使能和停止使能时，检验 Goose 的发送（DL/T 860.72—2004 的 15.2.1.3）	
Gop7	检验装置重启时，配置版本号 ConfRev 不变，GoCB 保持原配置数据	

9. VLAN 功能测试

（1）技术要求：交换机应支持 IEEE 802.1Q 定义的 VLAN 标准；交换机至少应支持基于端口或 MAC 地址的 VLAN；应支持同一 VLAN 内不同端口间的隔离功能；单端口应支持多个 VLAN 划分；交换机应支持在转发的帧中插入、删除、修改标记头。

（2）测试目的：测试 GOOSE 以太网交换机虚拟局域网功能，包括基于端口 VLAN、基于 802.1Q tagVLAN 功能、基于端口和协议组合 VLAN、PVID Format 功能（Tagged/Untagged）。

测试配置图如图 5－5 所示。

（3）测试方法：7 个数据流测试 VLAN，7 个数据流由测试仪 Port1 发出，测试仪 Port2、Port3、Port4 端口作为接收端口。测试仪端口 Port1 ~ Port4 分别连接交换机端口 Port1 ~ Port4。

7 个测试流分别如下：

stream1：goose 报文 VID 缺省设置；

stream2：goose 报文 VID 为 100；

stream3：goose 报文 VID 为 200；

stream4：IPv4 报文，VID 缺省设置；

stream5：IPv4 报文，VID 为 100；

stream6：IPv4 报文，VID 为 200；

stream7：广播报文，VID 缺省设置。

（4）测试参数：测试帧长为 256B，测试时间为 2s，负载为 10%。

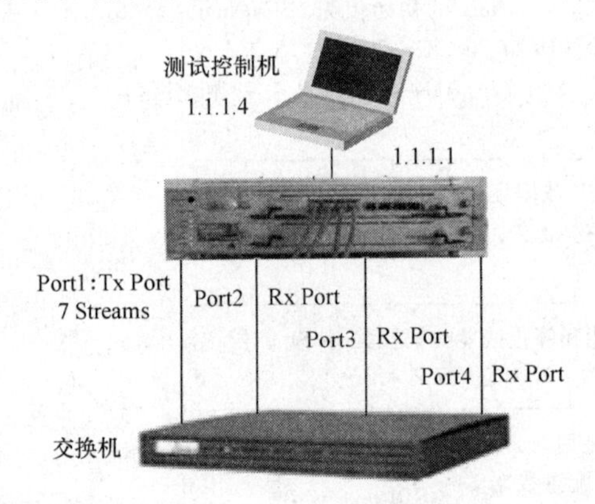

图 5－5　测试配置图 3

10. 优先级测试

优先级测试配置如图 5－6 所示。

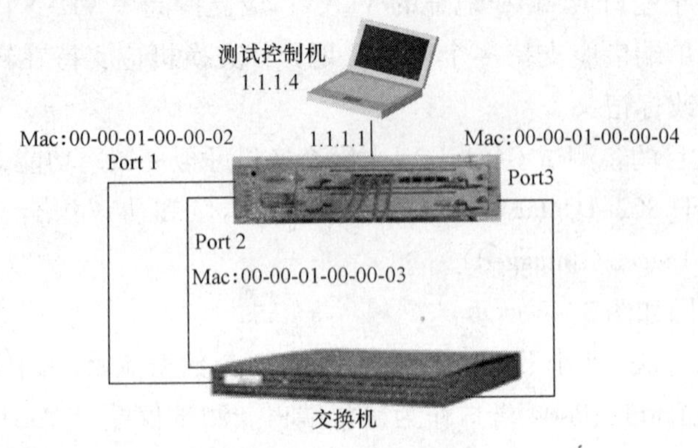

图 5－6　测试配置图 4

（1）测试目的：验证 GOOSE 以太网交换机对特定流量或业务流施加优先的 QoS 能力。服务质量要求的基本前提是，在传送更高优先级业务流的数据包之前丢弃低优先级的数据包，业务流的相对优先级别可以通过服务类型字段（ToS）来表示。基于缺省的优先队列设置，测试严格优先级。

（2）技术要求：交换机应支持 IEEE 802.1p 流量优先级控制标准，提供流量优先级和动态组播过滤服务，应至少支持 4 个优先级队列，具有绝对优先级功能，应能够确保关键应用和延时要求高的信息流优先进行传输。

（3）测试方法：两个端口发送百兆流量（端口 1、2），一个端口收（端口 3 过载）。

（4）测试参数：测试帧长为 256byte，测试时间为 30s，发送端口负载为 100%。

交换机默认支持 4 个优先权队列，即 0、1、2、3。

1）背景 Background（0）；

2）正常 Normal（1）；

3）加快 Expedited（2）；

4）紧急 Urgent（3）。

测试当 Priority 优先权与 Queue 队列对应关系的缺省设置情况下，测试交换机严格优先队列（SPQ）、加权循环（WRR）。

11. 网络收敛协议功能测试

在整个试验过程中在一对端口利用网络测试仪发送不同负载的数据流（数据流 1：goose，优先级为 4；数据流 2：普通 TCP 数据流，优先级为 1），每次试验改变端口负载，分别为 5% 和 95%，分别拔、插 A、B、C 三条路径，测试收敛时间。测试时长为 20s，采用智能变电站中实际网络级联方式。

测试配置图如图 5－7 所示。

12. 端口镜像测试

本测试的目的是模拟智能变电站中高级应用（报文分析记录仪、在线诊断系统、故障录波系统）所需要的端口设置功能，验证以太网交换机的端口镜像功能及其性能是否满足要求。端口镜像功能可以将一个或多个端口的流量自动复制到另一端口，以供智能变电站中高级应用对端口流量进行实时监测、分析、诊断。

（1）一对一镜像。标准对此项性能指标未做要求，测试结果仅供参考。

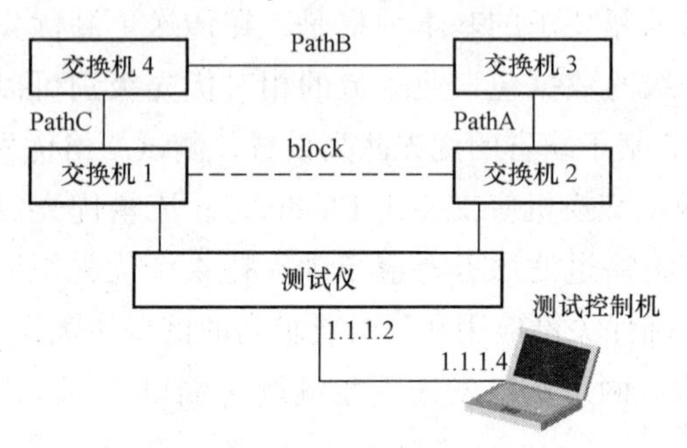

图 5-7　测试配置图 5

测试方法：测试交换机端口 Port1-1、Port1-2、Port4-1（千兆），分别连接测试仪 Port1、Port2、Port3。测试帧长为 Random（64～1518）B，测试仪端口 Port1 和 Port2 为收发数据帧端口，Port3 为监视端口，Port1 为被监视端口。发送端口设置两条测试数据流，分别为 Goose 帧格式和 MMS 帧格式，端口测试流量为 100% 线速，测试时间为 30s。

1）输入数据流监视。

测试方法：配置测试仪 Port1 向 Port2 单向发送数据，Port3 监视数据，验证 Port4-1 对 Port1-1 的输入数据流监视是否成功。

测试配置图如图 5-8 所示。

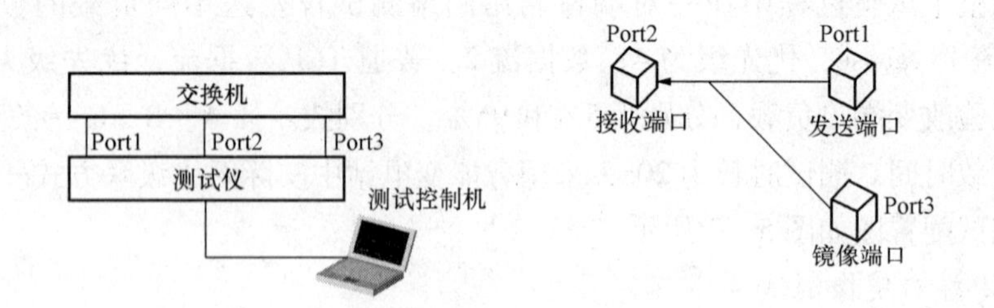

图 5-8　测试配置图 6

2）输出数据流监视。

测试方法：配置测试仪 Port2 向 Port1 单向发送数据，Port3 监视数据，验证 Port4-1 对 Port1-1 的输出数据流监视是否成功。

测试配置图如图 5-9 所示。

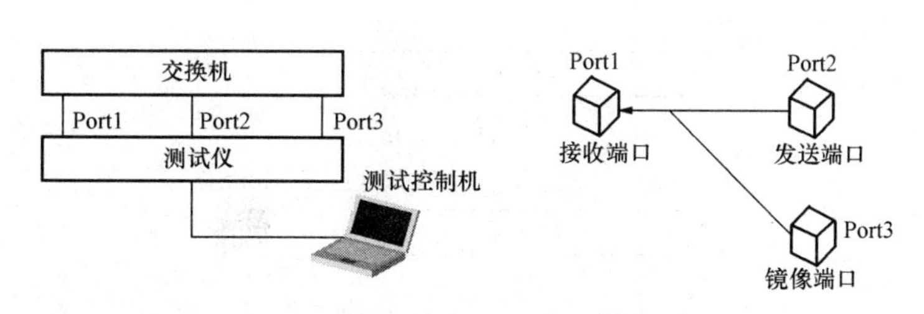

图 5-9 测试配置图 7

3）双向数据流监视。

测试方法：配置测试仪 Port1 和 Port2 双向发送数据，Port3 监视数据，验证 Port4-1 对 Port1-1 的双向数据流监视是否成功。

测试配置图如图 5-10 所示。

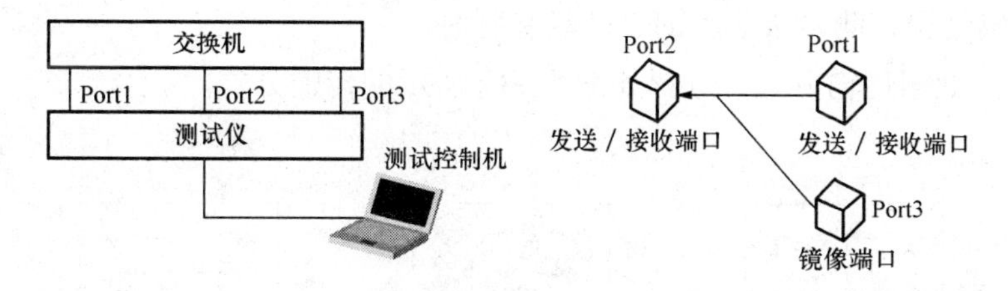

图 5-10 测试配置图 8

（2）多对一镜像。标准对此项性能指标未做要求，测试结果仅供参考。

1）测试参数：测试交换机端口 Port1-1、Port1-2、Port1-3、Port1-4、Port4-1（千兆），分别连接测试仪 Port1、Port2、Port3、Port4、Port5。测试帧长为 Random（64~1518）B，测试仪端口 Port1、Port2、Port3、Port4 为收发数据帧端口，Port5 为监视端口，Port1、Port2、Port3、Port4 为被监视端口。端口测试流量为 10% 线速，测试时间为 30s。

2）测试方法：配置测试仪 Port1 和 Port2 双向发送数据（Goose 帧格式），Port3 和 Port4 双向发送数据（MMS 数据包格式），Port5 监视数据，验证 Port4-1 对 Port1-1、Port1-2、Port1-3、Port1-4 的双向数据流监视是否成功。

测试配置图如图 5-11 所示。

13. 级联测试

标准对此项性能指标未做要求，测试结果仅供参考。

（1）测试目的：模拟多台以太网交换机在实际网络架构情况下的网络数

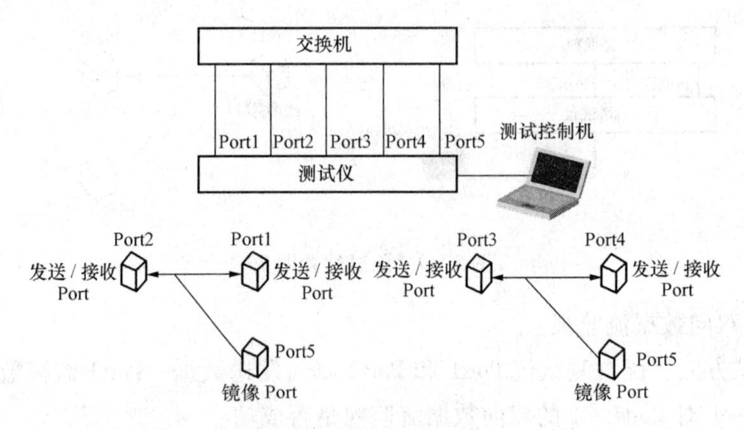

图 5－11　测试配置图 9

据帧传输情况，测试级联后的吞吐量和延时。

（2）数据传输方式：选择如图 5－12 所示的传输方式。

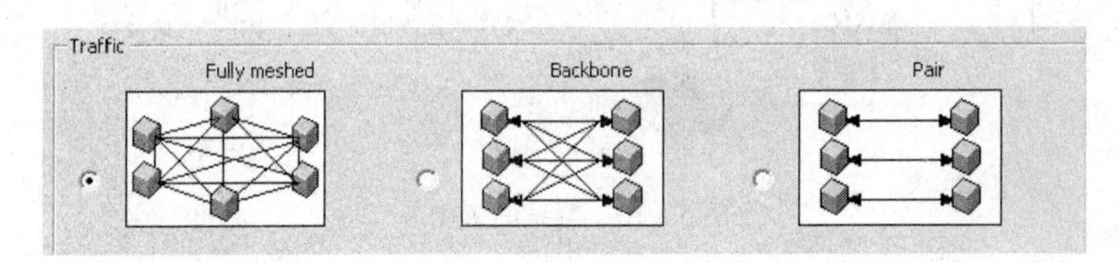

图 5－12　数据传输方式 2

1）两台交换机级联吞吐量测试。

测试参数：根据测试方法测试两台交换机的级联吞吐量，Traffic 方式为 Backbone，测试时间为 10s，级联分别采用百兆光口级联、千兆光口级联。

测试配置图如图 5－13 所示。

2 台交换机级联测试
Port1–8
百兆/千兆级联
Port1–8
测试仪
1.1.1.1
测试控制机
1.1.1.4

图 5－13　测试配置图 10

2）两台交换机级联时延测试。

测试参数：根据测试方法测试两台交换机的级联延时，Traffic 方式为 Backbone，级联分别采用百兆光口级联、千兆光口级联。

测试配置图如图 5－14 所示。

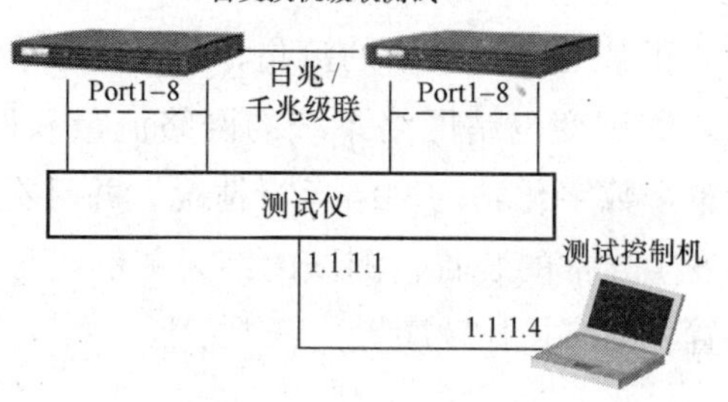

图 5－14 测试配置图 11

3）最远级联交换机端口吞吐量测试。

① 测试参数：根据测试方法测试变电站中跨越最多级联交换机的两端口吞吐量，Traffic 方式为 Pair，测试时间为 30s。

② 测试方法：将第一台交换机端口与测试仪的 Port1 相连接，将逻辑链路最末端的交换机端口与测试仪的 Port2 相连接；配置流量发生器的数据帧大小为 64～1518 随机字节；配置流量发生器的数据发送流量；配置测试仪 Port1 与 Port2 全双工传输数据，配置 Traffic 方式为 Pair，进行吞吐量测试。

4）最远级联交换机端口延时测试。

① 测试参数：根据测试方法测试变电站中跨越最多级联交换机的两端口延时，Traffic 方式为 Pair，测试时间为 30s。

② 测试方法：将第一台交换机端口与测试仪的 Port1 相连，将逻辑链路最末端的交换机端口与测试仪的 Port2 相连；配置流量发生器的数据帧大小为 64～1518 随机字节；配置流量发生器的数据发送流量；配置测试仪 Port1 与 Port2 全双工传输数据，配置 Traffic 方式为 Pair，进行三台交换机级联延时测试。

14. 关键电力装置网络传输性能

（1）测试参数：根据测试方法测试变电站中电力装置的报文传输延时，单向数据流，测试时长 60s。

（2）测试方法：将连接交换机上的两个有通信关系的电力装置断开，将测试仪的两个端口连接上这两个端口；通过网络抓包获得实际的 GOOSE 报文；配置流量发生器的发送报文，与抓包所获得的报文一致；配置测试仪Port1与Port2单向传输数据，配置Traffic方式为Pair，发送不同的测试流量进行延时测试。

5.5.2 网络流量测试

测试在正常和非正常情况下网络的流量，包括网络利用率、网络数据包传输率、错误率等。测试变电站网络系统的网络流量和网络协议是否正常，能够在整体上掌握整个数字化站的网络运行情况，并且在发生异常流量情况下，能够及时找出发生异常的装置，测试的结果能够指导站内网络设置（风暴抑制、优先级设置、网络拓扑顺序等）。

1. 测试需求

智能变电站整站运行，以太网交换机配置好端口镜像，或采用TAP接入网络。在智能变电站环境下，推荐使用端口镜像方式进行网络流量测试。

端口镜像可以将流过交换机一个或多个端口的通信复制到指定的监控端口（有时被称作“镜像端口”或“交换分析端口”），可以将测试仪接入监控端口观察分析复制的通信。

网络流量测试拓扑如图5－15所示。

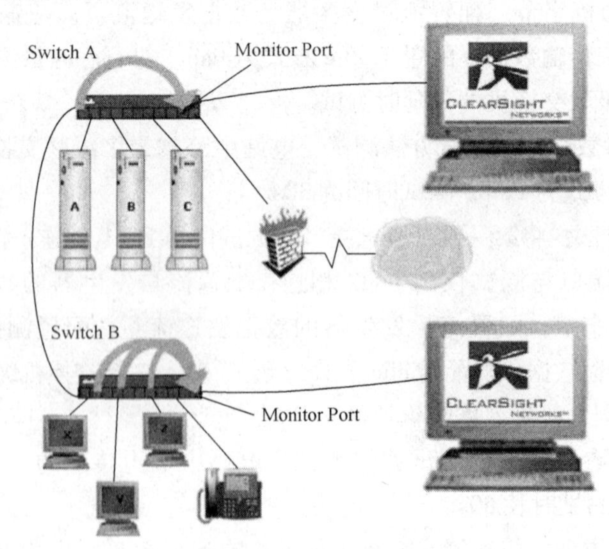

图5－15 网络流量测试拓扑

2. 测试内容

网络流量测试具体包括流量统计、数据包大小分布、协议分析、物理会话分析、IP 会话分析。

（1）智能变电站站控层监控：监控智能变电站网络中的应用层数据，查看是否有 HTTP、FTP 等非法协议（按照《电力二次系统安全防护总体方案》的要求，安全 I 区中严格禁止 E-Mail、WEB、Telnet、Rlogin、FTP 等安全风险高的通用网络服务）。严格监控各类应用层协议的交互情况。

（2）智能变电站过程层监控：描述网络数据实际传输的统计，包括各种类型数据帧与错误的统计（如广播、组播与 CRC 错误）。为全局及每个检测到的 MAC 地址都提供统计，并在物理层上跟踪 VLAN 和子网。包括数据包流量、丢包、广播、多点传送、字节、利用、错误、颗粒分布等。

（3）GOOSE 网 VLAN 划分测试：现场组网的 GOOSE 交换机和 SV 交换机已经被划分 VLAN 后，验证每个 VLAN 中均包含设计的“VLAN 划分表”中应该接收到的数据帧。

搭建测试环境，将网络分析仪分别接入每个 VLAN 的预留端口，使用分析仪的数据包抓包和分析功能，获得测试结果。将测试结果比对预期结果，会出现下列情况：

1）“VLAN 划分表”中的各个装置物理地址未全部出现在测试结果中，表明未发现 MAC 地址的设备数据没有成功传输到 GOOSE 网络，需要对通信线路和电力装置进行检查。

2）“VLAN 划分表”中的装置物理地址全部出现在测试结果中，但是发现存在多余的电力装置物理地址，表明此 VLAN 中存在多余通信信息，需要进行检查。

3）已知“VLAN 划分表”中的装置物理地址全部出现在测试结果中，并与之映射的物理地址均为此 VLAN 中需要互相通信的电力装置地址时，则测试结果通过，此 VLAN 运行正常。

（4）测试配合要求。为了保证测试工作的顺利、高效，需要变电站的管理方、联调方提供适当的配合和支持：

1）测试调研时，需要提供智能变电站的网络拓扑、安全分区情况。

2）测试调研时，需要提供智能变电站的装置资产列表。

3）测试调研时，需要提供智能变电站的装置配置信息表。

4）测试调研时，需要提供智能变电站的 VLAN 划分表。

5）联调过程中进行网络系统测试时，需要提供全站相同品牌、相同型号，并且正式投运使用的工业以太网交换机。

6）智能变电站整站运行进行网络流量测试时，需要配置相关以太网交换机的端口镜像功能，并将测试仪表接入网络系统。

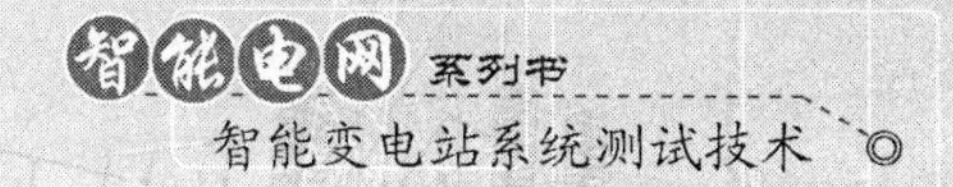

6

智能变电站单体设备测试

本章主要介绍智能变电站网络结构、站控层设备、间隔层设备及过程层设备的基本组成情况，并详细阐述站控层、间隔层及过程层设备的测试内容及测试方法。

6.1 站控层设备及测试

站控层设备包括监控后台、远动装置、同步时钟装置、网络报文记录分析装置和保护信息子站等。站控层测试主要包括监控后台测试、远动装置测试、同步时钟装置测试、网络报文记录分析装置测试和保护信息子站测试。

6.1.1 监控后台测试

6.1.1.1 主窗口功能测试

（1）测试内容。

1）主要画面检查：画面索引（主目录）的调用、电气主接线图的调用、各主变压器分图的调用、各电压等级分图的调用、VQC 分图的调用、直流系统图的调用、电力网络潮流图的调用、站用电系统状态图的调用、棒状图的调用、趋势曲线图的调用、系统运行工况图的调用、报表的调用、各种保护信息和报表、控制操作过程记录及报表、历史报表（日报表、月报表）、事故追忆记录报告或曲线、事故顺序记录报表、保护设备配置图、操作票、步进式放大缩小显示图形及局部放大等。

2）曲线显示功能：通过即时趋势曲线显示、历史数据曲线显示、采样时间间隔可调三项测试曲线显示的正确性。

3）通信状态显示功能：测试对装置的通信状态的监视，包括双网正常的状态监视、A 网断开的状态监视、B 网断开的状态监视。

4）报表浏览功能：测试报表显示数据是否正确，报表调用的方便快捷性。

5）棒图显示功能：测试棒图显示的正确性。

6）画面及图元编辑功能：测试画面编辑器中各种图形工具的正确性，内容包括新建画面，从模板新建画面，画面的保存及模板的保存，在线增加和删除动态数据，多台后台监控计算机画面一致性，画面调用功能及画面调用时间，画面硬拷贝功能，在线修改生效，遥测量与数据库的连接关系，图元的新建、显示、保存及编辑功能等。

7）人员权限维护功能：测试监控系统中用户管理的正确性，包括增加用户组、删除用户组、增加用户、删除用户、修改用户权限、修改用户密码、用户权限设置。

8）主窗口功能测试方法主要是运行人员在运行工作站上通过控制键盘、鼠标实现对监视画面的调用，逐项核实各项内容是否具备，画面显示是否符合人机界面功能的基本要求。

（2）测试方法见表6－1。

表6－1　　主窗口检测

序号	测试项目	要　求	测试结果	备注
1	画面索引（主目录）的调用	调用方便、快捷，响应时间短		
2	电气主接线图的调用	显示设备实时运行状态（包括分接头位置），主要电气量（三相电流、三相电压、$3U_0$电压、频率、有功、无功、功率因数、变压器绕组温度和油温、挡位等）实时值、潮流方向、可移屏、分幅、放大/缩小显示		
3	各电压等级分图的调用	应具备		
4	各主变压器分图的调用	应具备		
5	VQC分图的调用	应具备		
6	电力网络潮流图的调用	应具备		
7	直流系统图的调用	显示实时运行数据		
8	所用电系统状态图的调用	显示实时运行数据		

续表

序号	测试项目	要　求	测试结果	备注
9	趋势曲线图的调用	对指定测量值，可按特定的周期采集数据，并予以保留。保留范围为30天，并可按运行人员选择的显示间隔和区间显示趋势曲线。同时，画面上还应给出该测量值允许变化的最大、最小范围。每幅图可按运行人员的要求显示某4个测量值的当前趋势曲线		
10	棒状图的调用	应具备		
11	系统运行工况图的调用	显示监控系统的设备配置、工作状态（包括GPS通信状态）		
12	报表的调用	包括电量表、各种限值表、运行计划表、操作记录表、系统配置表、系统运行状况统计表、历史记录表和运行参数表等		
13	历史报表、日报表、月报表	报表可转换为Excel格式，并可进行转存		
14	各种保护信息和报表	应具备		
15	控制操作过程记录及报表	应具备		
16	事故追忆记录报告或曲线	应具备		
17	事故顺序记录报表	应具备		
18	保护设备配置图	图中能表示出各套保护设备的投切情况、整定值、连接片位置等以及保护管理机状态监视		
19	操作票	可显示编制好的操作票。根据运行人员的要求进行检索		
20	步进式放大、缩小显示图形、局部放大及无级缩放显示图形	应具备		

6.1.1.2　数据库功能测试

（1）测试内容。

1）实时数据库验收：进入数据库并查看其中的实时数据检查功能，即进入数据库查看实时数据是否正确显示。

2）历史数据库验收：进入数据库并查看其中的历史数据检查功能，包括设定历史数据记录周期、历史数据查询、历史数据存储容量、历史数据转存、查询功能、统计功能。

（2）测试方法见表6－2、表6－3。

表6－2　　历史数据库验收

序号	测试项目	要　求	测试结果	备注
1	设定历史数据记录周期	可按选定周期实现历史记录		
2	历史数据查询	实现功能		
3	历史数据存储容量	应能在线存储12个月		
4	历史数据转存光盘	实现定时转存功能		
5	查询功能	进行时间检索、按事件类型检索，检查历史事件库内容查询功能		
6	统计功能	母线电能量平衡、母线电压运行参数不合格时间及合格率、变压器负荷率及损耗统计所用电率计算统计、设备正常/异常及断路器分合闸次数统计		

表6－3　　数据库的添加、删除、修改

序号	测试项目	要　求	测试结果	备注
1	电气量数据插入	具备功能		
2	电气量数据修改	具备功能		
3	电气量数据删除	具备功能		
4	数据安全性	所有经采集的数据不能修改		
5	数据一致性	以上修改在所有工作站的相关数据同时修改保持一致		

6.1.1.3　告警功能测试

（1）测试内容。

1）告警管理：声光告警、事故告警处理功能、预告告警处理功能、遥测越限告警处理功能、分类分组检索功能、信息能够分层分级分类显示、人工定义画面、再次告警功能检查、告警音响类型可选、告警确认记录、告警窗信息分类和告警推画面功能。

2）告警一览表。告警一览表画面应包括告警一览表、告警和事件画面、告警分级显示画面、未处理的确认事故告警窗口、GOOSE 链路状态告警。

3）模拟量越限告警功能。当所监测的模拟量越上线或越下限时，告警窗口能够显示出相应的告警信息，并触发音响。

（2）测试方法见表6-4、表6-5。

表6-4 告警功能测试方法

序号	测试项目	要求	测试结果	备注
1	模拟保护动作，检查保护动作时声、光告警	保护动作后，有保护事件信息弹出并闪烁，同时伴有事故音响告警		
2	模拟预告告警，检查告警时的声、光信号	预告告警发生后，有告警事件信息弹出并闪烁，同时伴有告警音响产生		
3	第一次告警发生阶段，允许下一个告警信号进入	第二次告警不覆盖上一次的告警内容（声、光信号）		
4	事故告警处理功能	手动或自动方式确认，每次确认可按单个或成组告警，自动确认时间可调，告警一旦确认，声音、闪光即停止，告警条文由红色变为黄色。告警条件消失后，告警条文颜色消失，声音、闪光中止，告警信息保存		
5	预告告警处理功能	部分预告信号应具有延时触发功能，延时时间0.0~10.0s，可调		
6	遥测越限告警处理功能	对每一测量值（包括计算量值），可由用户序列设置四种规定的运行限值（低低限、低限、高限、高高限），分别可以定义作为预告报警和事故告警。四个限值均设有越/复限死区，以避免实测值处于限值附近频繁告警		
7	在事件管理窗口，进行告警事件分类、分组检索功能检测	系统具有按事件、事件类型、设备、操作人、字符匹配等多种查询手段，信息检索正确		

续表

序号	测试项目	要　求	测试结果	备注
8	告警信息能够分层、分级、分类显示，可以人工定义画面显示内容	开关量信号按事故信号、告警信号和告知信号分类，分窗口显示，并可人工定义窗口是否自动弹出		
9	再次告警功能检查	告警确认后，如异常未得到处理，应能再次启动告警，再次告警时间间隔可调		
10	告警音响类型可选	每个遥信点告警方式可选：① 循环告警，直到人工确认，方停止音响；② 响一次；③ 信号复归后，自动停止		
11	告警确认记录	用户必须登录才能确认告警，并保存确认的历史记录		
12	告警窗信息分类	同历史库查询分类保持一致		
13	告警推画面功能	模拟开关事故跳闸，应推出相应画面		

表 6－5　告警一览表测试方法

序号	测试项目	要　求	测试结果	备注
1	告警一览表	具备		
2	告警和事件画面	用于浏览告警和事件条目		
3	非正常状态一览表	应列出超越运行极限的模拟量点及未处于实时数据库中定义的正常状态的状态量点		
4	标签一览表	被加标签的设备的一览表。其中的每个条目应显示标签被设置的日期和时间、设置标签人员的登录 ID、一个清除码（如果输入）、被加了标签的设备的厂站名和点名、标签的类型及输入的注释		
5	告警屏蔽一览表	被用户屏蔽了告警处理的点的一览表，SOE 一览表		

续表

序号	测试项目	要　求	测试结果	备注
6	无效化一览表	列出被用户无效化的测控单元、列出所有被无效化的点（包括被用户直接设置成无效的点或由于测控单元无效引起该测控单元上也一起无效的点）。被无效化的点应按厂站归类		
7	人工置数一览表	用户应能根据搜索关键字（与各种类型一览表相适应的关键字）和关键字的组合从一览表中选择条目用于浏览和打印		
8	告警分级显示画面	按分级显示告警事件		
9	未处理的确认事故告警窗口	显示未处理的确认事故告警事件		

6.1.1.4 配置工具测试

IEC 61850 配置工具测试内容包括正确导入标准 ICD 模型、SCD 文件的生成、CID 文件的生成及 GOOSE 配置。对配置工具功能的测试采用实际模型的导入、生成及配置的方式进行，完成后判断其正确性即可。

6.1.1.5 事故追忆功能测试

事故追忆功能包括事故追忆生成、事故追忆时间配置、事故追忆文件正确性等内容。测试方法是模拟产生一个事故，如通过测试仪模拟两台断路器保护动作及模拟量变化，产生事故总信号，触发事故追忆，在此基础上检查事故追忆时间设置和事故追忆记录文件的正确性，见表 6－6。

表 6－6　　事故追忆功能测试

序号	测试项目	要　求	测试结果	备注
1	通过测试仪，模拟两台断路器保护动作及模拟量变化，产生事故总信号，触发事故追忆	条件满足后，生成事故追忆文件		
2	定义采样频率 3s，定义事故追忆前 20 点即 1min，事故追忆后 40 点即 2min，保存配置	定义保存正确		

续表

序号	测试项目	要求	测试结果	备注
3	打开事故追忆文件	追忆文件显示记录的追忆数据，时间跨度、采样间隔与定义相同		

6.1.1.6　在线计算和记录功能测试

（1）测试内容。在线计算和记录功能包括全站负荷率计算正确性、变压器负荷率计算正确性、主变压器分接头调节次数统计正确性、电压合格率计算正确性、电量平衡率计算正确性、电压无功有功日最大（最小）值记录正确性、分时电量统计计算正确性。

（2）测试方法见表6－7。

表6－7　在线计算和记录功能测试

序号	测试项目	要求	测试结果	备注
1	给出电压某时段的电压合格范围，通过人工置数（或测试仪输入）模拟电压在一定范围内波动，计算某一时段的电压合格率	电压合格率计算正确		
2	选择一遥测点为计算点，根据变压器负荷率公式定义计算公式，通过人工置数（或测试仪输入）模拟变压器负载值变化，计算变压器负荷率	变压器负荷率计算正确		
3	选择一遥测点为计算点，根据全站负荷率公式定义计算公式，通过人工置数（或测试仪输入）模拟全站负荷值变化，计算全站负荷率	全站负荷率计算正确		
4	选择一遥测点为计算点，根据电量平衡率公式定义计算公式，通过人工置数（或测试仪输入）模拟输入输出电量变化，计算相应电量平衡率	电量平衡率计算正确		

续表

序号	测 试 项 目	要 求	测试结果	备注
5	遥控主变压器分接头，记下动作次数，可统计主变压器分接头调节次数	统计次数正确		
6	通过计算点定义电量分时统计功能（如先将电量转为遥测量存历史，再用遥测量历史值作为运算量参与计算分时电量）	分时电量统计计算正确		
7	通过人工置数（或测试仪）模拟改变电压、有功、无功的量值，在各点的属性中选择日最大、日最小属性，检查是否正确	电压、无功、有功日最大、日最小值记录正确		

6.1.1.7 打印功能测试

测试内容包括事故和SOE信号打印、告警信号打印、操作信息自动打印、定时打印功能、画面菜单打印功能及分类召唤打印等其他功能。测试方法是以其他测试中发生的模拟事件为基础，逐项核对各个打印功能。

6.1.1.8 保护信息功能测试

（1）测试内容。测试内容包括正确召唤相应数据功能、修改保护装置定值功能、复归操作正确性、录波数据操作功能。

（2）测试方法见表6－8。

表6－8 保护信息功能测试

序号	方 法	要 求	测试结果	备注
1	在监控后台的保护管理界面中召唤保护装置的参数、定值、软/硬连接片状态、保护测量等相关信息	正确召唤相应数据		
2	修改保护装置定值并进行下装或撤消操作	下装后相应定值正确修改，撤消后相应定值没有改变		
3	对单个或多个保护装置进行复归操作	装置正确复归		
4	对录波数据进行查看、分析、打印等操作	录波数据能被正确查看、打印，录波头文件等信息齐全、正确		

6.1.1.9 系统自诊断和自恢复功能测试

（1）测试内容。系统自诊断和自恢复功能包括主备机切换、工作站退出运行告警、网络切换功能、通信中断上报、系统正确告警、进程能自动恢复、系统快速自恢复等。

（2）测试方法见表6－9。

表6－9　系统自诊断和自恢复功能测试

序号	测试项目	要　求	测试结果	备注
1	将主服务器、备用服务器启动，模拟主服务器故障（如退出主服务器程序），检查备用服务器切换功能及时间；在主备机切换期间，装置模拟遥信变位，看备机是否能记录该事件	备用服务器在规定时间内（30s内）切换为主服务器，并信息提示；备机升为主服务器后能记录切换期间的遥信变位事件，不丢失报文		
2	将某操作员站（客户机）退出，检查系统是否有诊断告警信息报警	系统有某操作员工作站退出运行告警信号输出		
3	在双网通信下，模拟交换机故障（如关闭交换机电源），检查系统通信告警功能	系统正确报出通信中断信息		
4	模拟站控层与间隔层通信中断（如拔装置网线），检查系统通信告警功能	系统正确报出与间隔层某设备通信中断信息		
5	手动断掉主机运行的某些进程，如通信、告警、画面显示、定时器、规约服务进程等	进程能自动恢复，并记录相关信息；或备机自动重启，不丢失试验期间报警、变位信息		
6	停掉某台间隔层装置，检查后台告警信息	系统正确告警		

6.1.1.10 其他功能

（1）测试内容。其他功能包括网络拓扑着色、操作票编辑、操作预演的功能、挂牌功能、检修设备信息屏蔽、GPS对时精度，应能接入GPS故障信号、失步信号，报文监视工具，积分电量。

（2）测试方法见表6－10。

表 6－10　　其他功能测试

序号	测试项目	要　求	测试结果	备注
1	网络拓扑着色	带电设备颜色标识		
2	操作票编辑	完成智能及典型票制作，可在线修改并支持操作票打印输出		
3	操作预演的功能	后台建立相应的模拟图，独立于操作主画面，模拟图取自系统实时信息。每次操作前预演模拟图，预演结果和操作无关联。每次操作后根据实时信息与相关闭锁逻辑关系判断操作正确与否		
4	挂牌功能	显示的接线图具有挂牌功能，并能显示所挂牌的号码，接地牌至少 20 把		
5	检修设备信息屏蔽	对于置检修态的设备进行信息屏蔽		
6	远方诊断维护功能	MODEM 远方拨号，口令登录		
7	GPS 对时精度	时钟同步达到 1ms		
8	应能接入 GPS 故障信号，失步信号	预留故障信号接入位置，并可进行失步判断		
9	报文监视工具	可分类检索任一类型报文		
10	积分电量	实现自动旁代路		
11	系统雪崩处理能力测试	在 20 台测控设备上并行输入遥信信号（遥信每台至少 20 点），数据能正确上送模拟主站		

6.1.1.11　性能指标测试

（1）切换画面响应时间不大于 3s。

（2）画面实时数据刷新周期不大于 3s，可设置。

（3）遥信变位到操作员工作站显示的时间不大于 2s。

（4）遥测变化到操作员工作站显示的时间不大于 3s。

（5）操作执行指令到现场变位信号返回总时间不大于 3s。

（6）遥控执行成功率 100%。

（7）主备服务器切换时间不大于 30s，可设置。

（8）网络切换时间不大于 60s。

（9）后台 SOE 分辨率不大于 2ms。

（10）30min 内后台计算机的平均 CPU 负荷不大于 35%。

（11）发生故障条件下 3s 内后台计算机的平均 CPU 负荷不大于 50%。

6.1.2 远动装置测试

（1）测试内容：远动工作站切换无异常信号、远动工作站复位无异常信号、主站正确收到遥信变位信息、遥控功能与遥控记录、通信状态正确上报、负荷率指标合理性、备机自动切换与实时记录功能、检修设备信息屏蔽、GPS 对时同步达到 1 ms、遥测数据传送越死区、遥测数据过载能力、远动数据品质位、双通道硬件配置、远动机能自恢复、支持远方通信。

（2）测试方法。测试中，将远动工作站原值班 CPU 关电，原备用 CPU 将自动切换为值班状态，在此过程中注意观察模拟主站端是否收到异常的遥信和遥测上送。将远动工作站两个 CPU 都断电，再上电重起。在此过程中注意观察模拟主站端有无异常的遥信和遥测上送。具体测试项目和要求见表 6－11。

表 6－11　　远动装置验收测试

序号	测试项目	要求	测试结果	备注
1	切换远动工作站值班节点，在与主站建立通信后，检查是否有异常的遥信和遥测上送	无异常信号		
2	复位远动工作站，在与主站建立通信后，检查是否有异常的遥信和遥测上送	无异常信号		
3	远动工作站与模拟主站正常通信，模拟测控装置一遥信点动作，并记录下时间。模拟主站应正确收到该遥信变位信息	遥信变位点号和时间正确		
4	远动工作站与模拟主站正常通信，发送遥控命令，检查测控装置面板，是否有遥控记录，用万用表测量测控装置的出口板是否有出口	有遥控记录并出口		
5	远动工作站与模拟主站正常通信，发送升降命令，检查测控装置面板，是否有遥调记录，用万用表测量测控装置的出口板是否有出口	有遥调记录并出口		

续表

序号	测试项目	要 求	测试结果	备注
6	在远传配置表中，将站控层设备的通信状态配置在其中，远动工作站与模拟主站正常通信，将站控层设备的网络线拔出，等待一段时间后，检查模拟主站的通信状态是否为分，将站控层设备的网络线插上，检查模拟主站的通信状态是否为合	信号能正确反映通信状态		
7	两台远动工作站，各使用一个 Modem 接至切换板，后由切换板接至模拟主站。两台远动工作站的 Modem 互为备用，当工作的 Modem 发生故障，是否能在 30s 左右实现切换	能正确切换		
8	在 20 台测控设备上并行输入遥信信号（遥信每台至少 20 点），进行系统雪崩处理能力测试	能正常工作，数据能正确上送模拟主站		
9	进入面板相应菜单选项，查看通信服务器 CPU 正常负荷率和事故负荷率	10s 内，正常负荷率平均小于 30%，故障负荷率平均小于 50%		
10	将主远动工作站、备远动工作站启动，模拟主远动工作站故障（如退出主程序），检查备远动工作站切换功能及时间；在主备机切换期间，装置模拟遥信变位，看备机是否能记录该事件	备远动工作站在规定时间内（30s 内）切换为主站；不丢失报文		
11	检修设备信息屏蔽	对于置检修态的设备进行信息屏蔽		
12	GPS 对时	时钟同步达到 1ms		
13	主备机冗余配置，备机状态上送主站。主备机具备良好的切换机制	主机故障时能正确切换，不出现抢主机现象		
14	遥测数据传送越死区	遥测数据越死区传送时，死区值比较应以上一次已传送数据为准，死区值设置应为 2‰		

续表

序号	测试项目	要求	测试结果	备注
15	遥测数据过载能力	线路测控装置 2 倍范围内输入时应能正确反映		
16	远动数据品质位	当远动装置数据采集异常（网络中断或退出测控单元），传送主站数据保留原值并带无效标志位/错误		
17	双通道硬件配置	主备通道调制解调器、电源模块各自独立		
18	支持远方通信：采用 IEC 870－5－101、IEC 870－5－104 规约与南方网调通信。采用 IEC 870－5－101、IEC 870－5－104 规约与广东省调通信	可互通互连		

注意：切换远动工作站值班节点后检查是否有异常的遥信和遥测上送的实验，具体可以按如下步骤进行：① 将远动工作站原值班 CPU 关电，原备用 CPU 将自动切换为值班状态，在此过程中注意观察模拟主站端是否收到异常的遥信和遥测上送；② 将远动工作站两个 CPU 都断电，再上电重起。在此过程中注意观察模拟主站端有无异常的遥信和遥测上送。

6.1.3 同步时钟装置测试

（1）测试目的。电子式互感器的使用相当于将二次设备的采集模块前移至一次设备上。如某个互感器采集出问题输出数据不正确，所有根据采集数据进行计算判断的二次设备就会完全失去作用，甚至会发生不可预估的结果。因此，电子式互感器运行的稳定可靠关系着整个变电站的安全运行。在工程应用上，变压器保护在不同的电压等级采集的数据之间要同步；常规互感器与电子式互感器并存时，电压、电流之间数据要同步；母线差动保护从多个间隔获取的数据之间要同步；线路纵差保护线路两端数据之间都需要进行同步；同一间隔三相电流、电压之间数据也要同步。如果数据不同步，二次设备的计算结果就会出现错误，各种自动装置的动作结果当然也不可能正确。

解决同步问题的方法有两个：一是采用 GPS 秒脉冲作为电流电压合并器

同步信号。这种方法实现比较简单，当GPS装置出现故障时，可能会导致部分或者大面积的保护失灵或退出，因此对提供同步脉冲的装置的准确和稳定提出了很高的要求，包括双机热备用、授时精度、守时稳定性等。二是采用插值算法对不同通道的采集量进行计算，最终输出同步的采样值。这种方式要求采样频率比实际应用需要的采样频率高，计算量较大，对软硬件要求也有提高，优点在于不依赖同步脉冲即可对数据进行同步。

当合并器采用IEC 61850－9标准输出采样值时，由于是以光以太网方式传播，传输延时是不确定的，不同间隔之间必须使用同步脉冲方式对数据进行同步，对网络性能要求非常高。IEC 60044－8标准是采用点对点串行数据进行传输的，串行数据传输的延时是确定的，所以可以对数据进行插值同步，再测出数据延时时间在程序中作出补偿，就可以真实还原被采集的数据。

（2）测试内容：

1）守时功能测试；

2）输出信号测试；

3）接收灵敏度性能试验；

4）接收天线灵敏度性能试验；

5）状态指示功能试验；

6）告警输出功能试验；

7）从时钟传输延时补偿试验；

8）电网频率测量试验。

（3）测试方法及要求。

1）守时功能测试方法及要求：将时钟装置接入标准时钟源，使时钟装置进入锁定状态，断开标准时钟源信号，此时时钟装置进入守时状态，继续运行至少60min，测试时钟装置输出时间准确度，输出应满足在守时状态下的时间准确度应优于55μs/h的要求。

2）输出信号测试方法及要求。

a. 输出接口测试。

a）TTL电平接口。典型测试电路如图6－1所示，选取被测设备的1PPS输出进行测试。宜使用示波器测量待测信号的上升时间。

合格判据：满足DL/T 1100.1—2009《电力系统的时间同步系统　第1部分：技术规范》5.4.1要求。

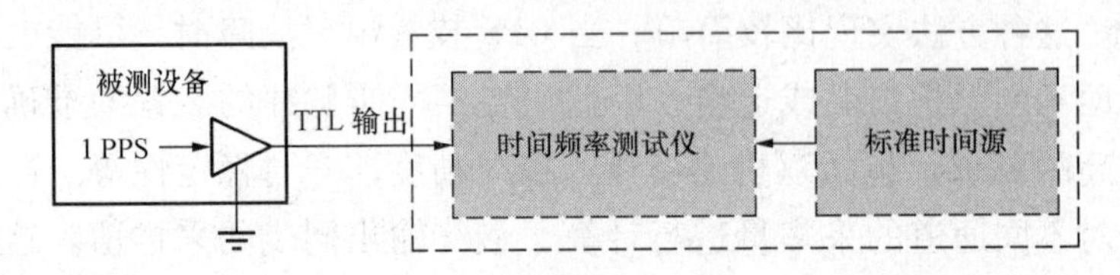

图 6-1　TTL 电平接口典型测试电路

b）空触点接口。典型测试电路如图 6-2 所示，选取被测设备的 1PPS 输出进行测试。测试系统应选择适当阻值的负载电阻，将空触点负载电流控制在 2mA。空触点由打开到闭合的跳变对应准时沿，因此负载电阻端电压的上升沿对应被测 1PPS 上升沿。宜使用示波器测量待测信号的上升时间。

合格判据：满足 DL/T 1100.1—2009 5.4.1 要求。

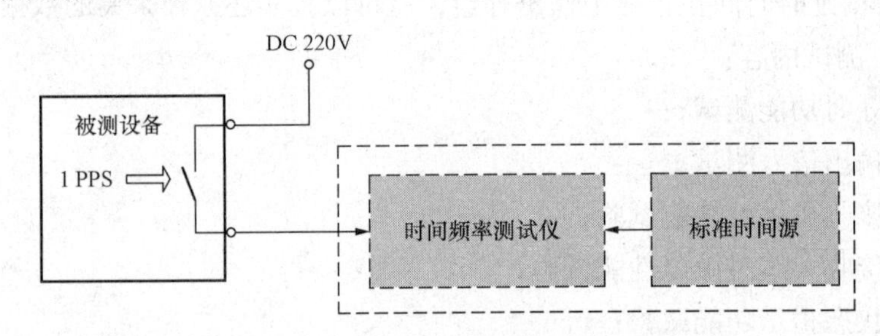

图 6-2　空触点接口典型测试电路

c）RS485/RS422 差分接口。典型测试电路如图 6-3 所示，选取被测设备的 IRIG-B（DC）或 1PPS 的差分信号输出进行测试；测试 IRIG-B（DC）码时，测量模块可由 IRIG-B 码解码器、时间间隔频率计数器等功能模块组成，测得 IRIG-B（DC）码秒准时沿和 UTC 基准时间的误差，并检验 IRIG-B 码中时间信息的正确性。测试系统应在差分接口上并联 100Ω 的匹配电阻，测试电缆长度宜小于 5m。

合格判据：满足 DL/T 1100.1—2009 5.4.1、5.4.2 要求。

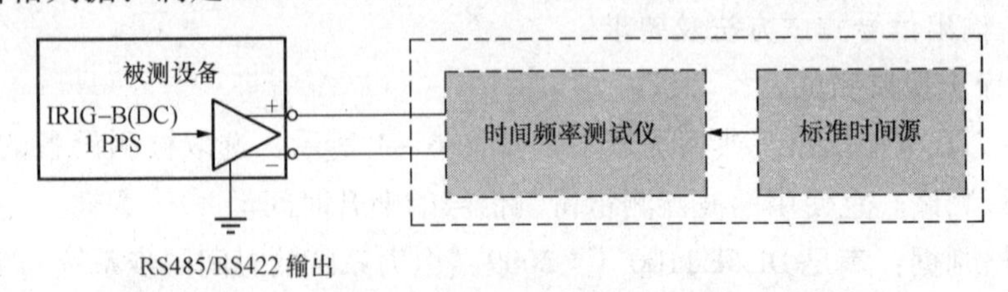

图 6-3　RS485/RS422 差分接口典型测试电路

d）光纤接口。典型测试电路如图 6－4 所示，选取被测设备的 IRIG－B（DC）或 1PPS 输出进行测试。

合格判据：满足 DL/T 1100.1—2009 5.4.1、5.4.2 要求。

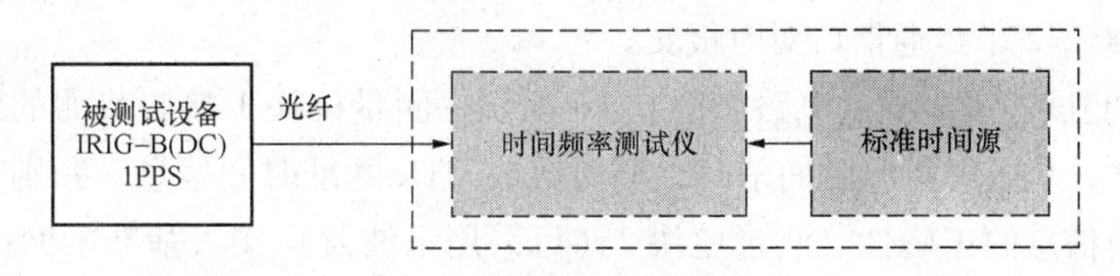

图 6－4　光纤接口典型测试电路

b. 脉冲信号测试。

a）测试方法。测试电路与图 6－1 相同，选取 TTL 接口对脉冲信号进行测试。

b）测试内容：① 准时沿的上升时间；② 准时沿与标准时间准时沿的误差；③ 1PPS、1PPM、1PPH、可编程脉冲的正脉冲宽度。

c）合格判据：满足 DL/T 1100.1—2009 5.4.1 要求。

c. IRIG－B 码。

a）测试方法。IRIG－B（DC）码的测试电路与图 6－3 相同，选取 RS485/RS422 差分接口进行测试。IRIG－B（AC）码的测试电路如图 6－5 所示。

图 6－5　IRIG－B（AC）码测试方法

b）测试内容：① IRIG－B（DC）码的秒准时沿与标准时间准时沿的误差；② IRIG－B（DC）码（TTL 电平）的秒准时沿的上升时间；③ IRIG－B（DC）码的码元正脉宽、码元周期；④ IRIG－B（AC）码的秒准时点与标准时间的误差；⑤ IRIG－B（AC）码的载波频率、幅值、调制比和输出阻抗。⑥ 检验 IRIG－B 中本地时间信息、B 码校验位、时区信息、时间质量信息（应使待测时钟在锁定状态及守时保持状态之间切换，观察时间质量信息的变化）、闰秒标识信息、SBS 信息等时间信息的正确性。

c）合格判据：① 秒准时沿的准确度满足 DL/T 1100.1—2009 5.4.2 要求；② IRIG - B（DC）码的码元正脉宽、码元周期与额定值的误差小于 100μs；③ IRIG - B 码中的时间信息满足 DL/T 1100.1—2009 附录 B 要求。

d. RS232 串行通信口对时报文。

a）测试方法。测试电路如图 6 - 6 所示。测量模块 1 接收待测的串行口对时报文，从中解析出时间信息，同时接收 UTC 基准时间信息，判别待测报文中时间信息的正确性。测量模块 2（可采用示波器）接入基准 1PPS，测量待测串行口对时报文的起始发送时刻与基准 1PPS 的误差。

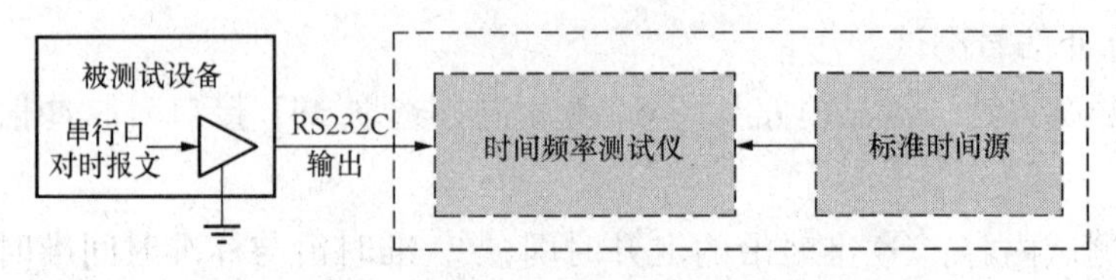

图 6 - 6　RS232 串行通信口对时报文测试方法

b）测试内容：① 串口对时报文的内容是否正确，检测项目与 IRIG - B 码时间信息测试相同；② 串口对时报文的发送时刻与秒准时沿的相对时间关系。

c）合格判据：满足 DL/T 1100.1—2009 5.4.3 要求。

e. 网络对时报文。

a）测试方法。根据待测设备的 NTP 工作模式，分为两种情况测试。

待测设备工作在 NTP 服务器端模式：测试方法如图 6 - 7 所示，测试系统须对接收到的 NTP 对时信号进行解码，将其转换为 1PPS，再测试其与基准 1PPS 的误差。

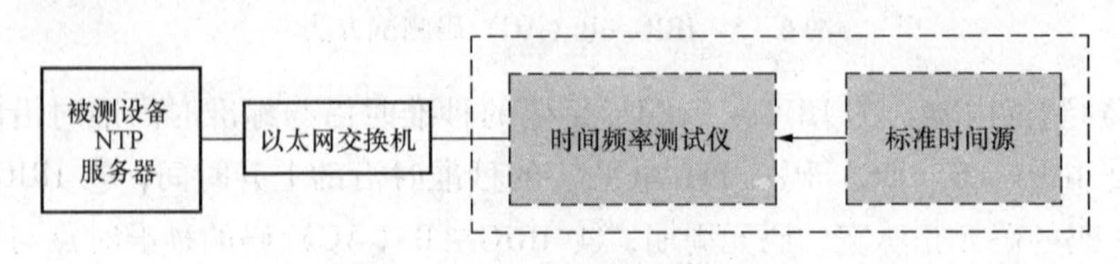

图 6 - 7　NTP 服务器端测试方法

待测设备工作在 NTP 服务器端模式（如果待测设备不支持此功能，则不做测试）：测试方法如图 6 - 8 所示，将测试系统输出的 NTP 对时信号作为唯一的一路时间基准信号输入待测设备，待测设备自动与输入 NTP 信号同步，对待测设备输出的 TTL 电平接口 1PPS 信号进行测试。

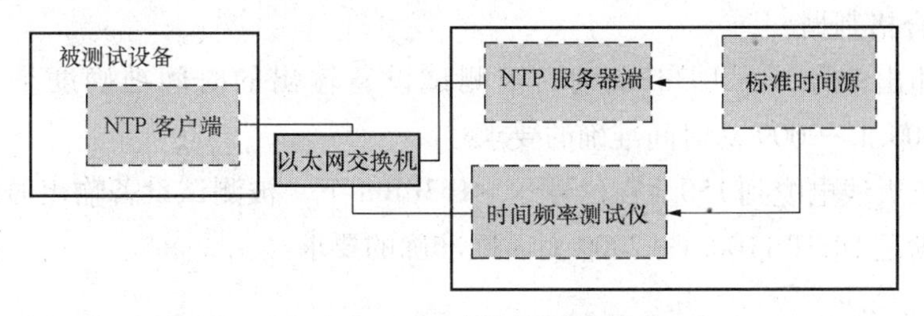

图 6－8 NTP 客户端测试方法

b）测试内容：① 网络对时报文格式的正确性；② NTP 对时信号的时间准确度。

c）合格判据：满足 DL/T 1100. 1—2009 5. 4. 4 要求。

f. 输出接口传输距离测试。

a）根据 DL/T 1100. 1—2009 6 规定的各种时间信号在不同传输介质中传输距离的要求，按照 DL/T 1100. 1—2009 6 的规定被测设备连接相应长度的电缆或光缆接入被测试设备进行测试，如图 6－9 所示；本测试项目目的是测试时钟装置对传输电缆或光纤的传输补偿的正确性。

b）合格判据：被测试设备在电缆或光缆的输出端口输出的时间准确度满足 DL/T 1100. 1—2009 5. 4 中相应项目的要求。

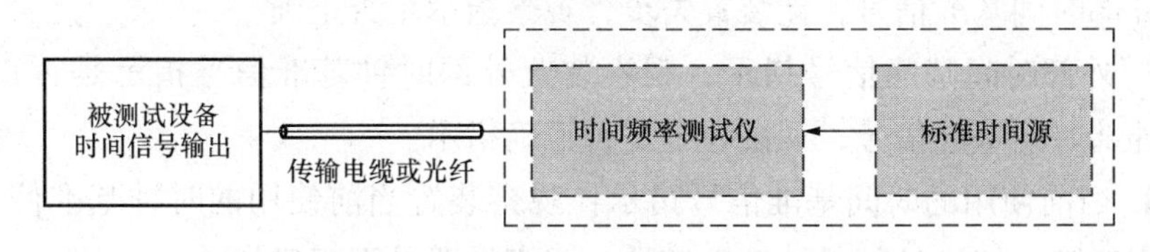

图 6－9 输出接口传输距离测试示意图

3）接收天线灵敏度测试方法及要求。本试验测试示意图如图 6－10 所示。

a. 测试方法：将卫星信号模拟器的输出，采用与被测试设备匹配的天线电缆 15m 长，接入被测试设备；根据被测试设备提供的接口形式，将被测试设备接入时间频率综合测试仪；关闭被测试设备的守时功能，让时间频率综合测试仪监视被测试设备输出的时间准确度；逐步降低卫星信号模拟器输出的功率，直到其输出信号 > －163dBm。

b. 测试内容：输出时间的准确度。

c. 合格判据。

当输出信号 > -163dBm 时，被测试设备输出的时间准确度是否满足 DL/T 1100.1—2009 对时间准确的要求。

增长天线电缆到150，在信号 > -163dBm 下，被测试设备输出时间准确度是否满足 DL/T 1100.1—2009 对时间准确的要求。

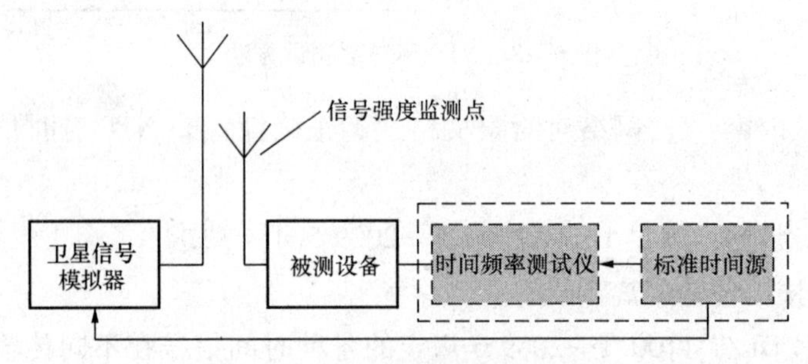

图6-10　接收灵敏度测试示意图

4）状态指示功能测试方法及要求。观测时间同步装置相关信号指示，信号指示应满足 DL/T 1100.1—2009 5.2 中的 i）条款要求。

a. 电源状态指示：观察装置面板上电源状态指示是否正常。

b. 时钟同步信号输出指示：观察面板上时钟同步信号输出指示是否正常；去掉外部时间基准信号，让装置失步，观察指示是否正确。

c. 外部时间基准信号指示：观察装置外部时钟基准信号指示是否正常，去掉外部时间基准信号，观察装置是否正确指示。

d. 当前使用的时间基准信号指示：观察装置当前使用的时钟基准信号指示是否正常，切换外部时钟基准信号，观察装置是否正确指示。

e. 年、月、日、时、分、秒（北京时间）指示：观察装置北京时间的年、月、日、时、分、秒显示是否正常，并与标准时钟对比，观察显示是否正确。

5）告警输出功能测试方法及要求。

a. 测试内容：① 电源中断告警；② 故障状态（例如：失步）告警。

b. 合格判据：时间装置告警触点输出功能应满足 DL/T 1100.1—2009 5.2 中的 j）条款要求。

6）从时钟传输延时补偿试验测试方法及要求。

a. 测试方法：按主从式时间同步系统连接主时钟和从时钟，测量主时钟输出的1PPS和从时钟输出的1PPS之间的时间差。连接主时钟和从时钟之间的线缆长度会影响补偿性能。采用自动补偿方式的从时钟，应测试3种以上长度组合条件下的传输延时补偿；对采用手动补偿方式的从时钟设定3个不同的补偿时间值进行测试。

b. 合格判据：测量结果应满足DL/T 1100.1—2009 5.4.1要求，并且传输延时补偿采用手动补偿方式的从时钟，其主时钟与从时钟输出的时间差应与测试前设置的补偿值一致。

7）电网频率测量试验测试方法及要求。

a. 测试方法：时钟装置接入标准三相功率源输出的信号，调整标准三相功率源输出信号的频率，记录时钟装置的频率测量值。

b. 合格判据：测量结果应满足DL/T 1100.1—2009 5.7要求。

6.1.4 网络报文记录分析装置测试

6.1.4.1 测试内容

（1）采样值报文存储解码测试：检验网络报文分析装置对接入的IEC 61850-9-2和IEC 61850-9-2 LE版的采样值报文是否具有报文解析和报文存储的功能。

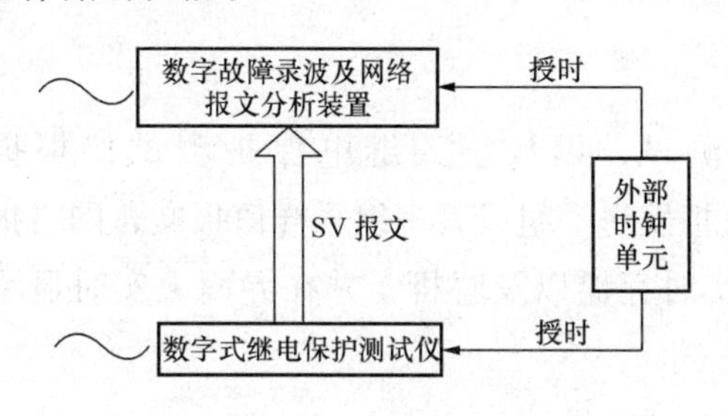

图6-11 采样值同步测试示意图

（2）采样值同步测试：检验网络报文分析装置对接入的多组DL/T 860.92及9-2 LE采样值报文是否具有同步检查功能；测试示意图如图6-11所示。

（3）GOOSE事件分辨率测试：检验网络报文分析装置对接入的GOOSE报文的事件分辨率。

（4）采样值报文实时监测告警功能测试：检验网络报文分析装置对接入的采样值报文是否具有实时监测告警功能。

（5）GOOSE报文实时监测告警功能测试：检验网络报文分析装置对接入的GOOSE报文是否具有实时监测告警功能。

（6）网络流量及网络端口实时监测告警功能测试：检验网络报文分析装

置对网络流量及网络端口是否具有实时监测告警功能。

（7）暂态录波启动性能测试：检验网络报文分析装置的暂态录波启动性能。

（8）网络报文及故障波形查询功能测试：测试网络报文分析装置是否可以按照时间段、故障类型进行网络报文和故障波形的查询。

（9）对时功能测试：检测网络报文分析装置是否具有 IEEE 1588 对时功能、光 IRIG－B 码对时功能、电 IRIG－B（DC）码对时功能。

（10）守时精度测试：测试网络报文分析装置 24h 守时精度误差小于 ±1s。

（11）就地打印功能测试：测试网络报文分析装置具备就地打印功能。

（12）其他功能测试：应根据故障录波及网络报文分析装置生产厂家提供的技术使用手册以及表 6－12 中的测试项目对相应功能进行测试。

表 6－12　　其他测试项目

序号	试验项目	序号	试验项目
1	装置配置方法	3	数据文件格式
2	整定方法	4	操作系统

6.1.4.2　测试方法

1. 采样值报文存储解码测试

采用图 6－12 所示方案进行测试，用数字式继电保护测试仪根据 DL/T 860.92 及 9－2 LE 分别进行模拟发送一组或者多组采样值报文，网络报文分析装置接收到采样值报文进行实时存储以及解析，并在界面上实时显示电压电流波形。

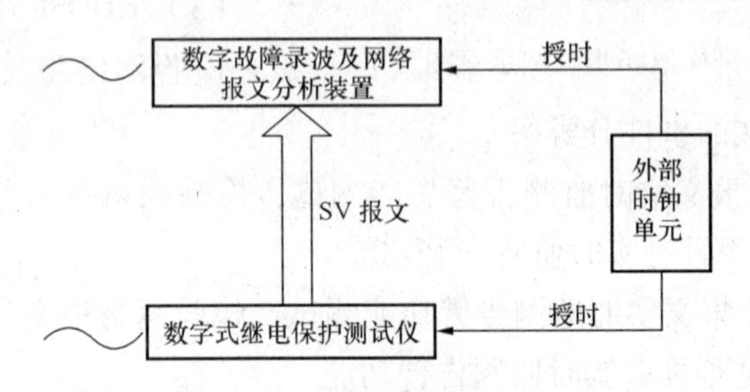

图 6－12　采样值报文存储解码测试

在测量范围内随机改变数字式继电保护测试仪发送的采样值报文，网络报文分析装置界面应实时显示变化的电压电流波形。通过报文查询应可以在网络报文分析装置中查询数字式继电保护测试仪发送的实时采样值原始报文数据。

2. 采样值同步测试

采用图6－13所示方案进行测试，采样值报文发生器（如MU、数字式继保测试仪等）发送5组及以上采样值信号，其中2组采样值报文与其他组采样值报文不同步，网络报文分析装置进行多组采样值信号的同步检查，对不同步的2组采样值报文给出失步告警，并对失步组进行处理。

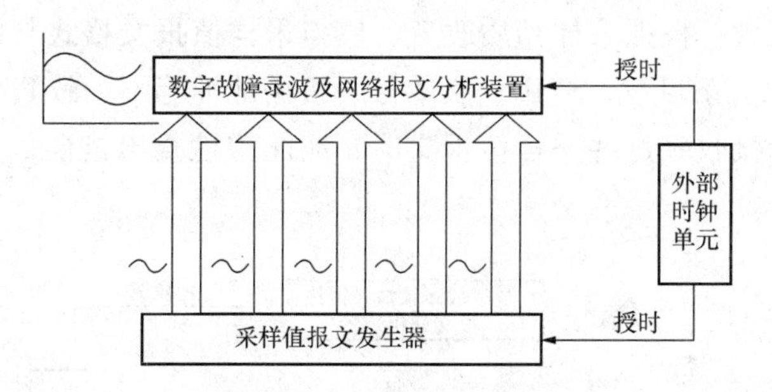

图6－13　采样值同步测试

网络报文分析装置能够检测出失步的采样值报文，给出失步告警以及对失步组的处理情况。如能对失步的采样值报文进行失步原因分析，检查是否由于丢失同步信号导致采样值失步。

3. GOOSE事件分辨率测试

采用图6－14所示方案进行测试，用数字式继电保护测试仪发送GOOSE报文，设定GOOSE报文的ON/OFF交替变化的时间间隔，如为10ms/10ms，

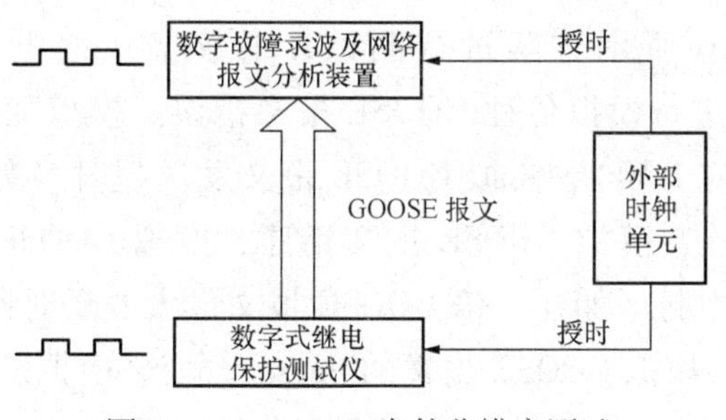

图6－14　GOOSE事件分辨率测试

测试网络报文分析装置记录的 ON/OFF 交替变化时间间隔，误差应不大于 ±1ms。

4. 采样值报文实时监测告警功能测试

采用图 6－15 所示方案进行测试，用数字式继电保护测试仪发送一组或多组采样值报文，并进行模拟各种采样值报文错误。模拟随机发生采样值报文丢包（如设置丢 1 帧或 2 帧采样值报文）、模拟采样值发送超时（如设置为在原有采样发送间隔上超过 10μs 发送下一帧采样值报文）、模拟采样值发送错序、模拟采样值发送重复、模拟采样值报文通信中断（如设置在 1ms 内报文记录端口上未收到任何采样值报文）、模拟采样值报文丢失同步信号、模拟采样值采样无效、模拟采样品质改变、模拟采样值报文格式与配置文件不一致（如 dataset、条目数、SVID、版本号、组播地址等不一致）等错误，网络报文分析装置接收到这些采样值报文时，应能够检查出错误，并且给出相应的错误告警。

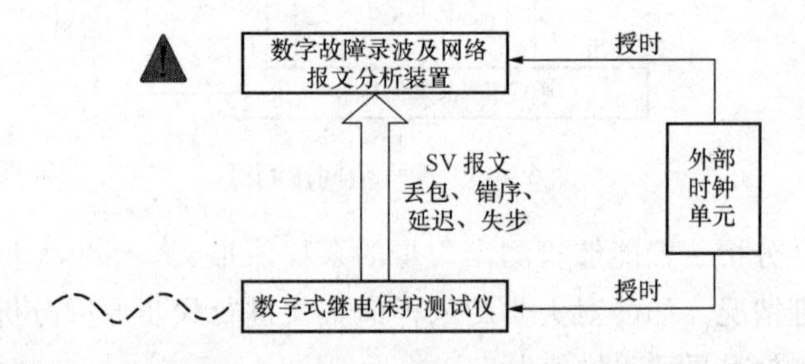

图 6－15 采样值报文实时监测告警功能测试

网络报文分析装置对接收到的采样值报文进行实时解析，当报文发生错误或异常时，按照错误类型给出相应告警和异常标记。

5. GOOSE 报文实时监测告警功能测试

采用图 6－16 所示方案进行测试，用数字式继电保护测试仪发送 GOOSE 报文，并进行模拟各种 GOOSE 报文错误。模拟随机发生 GOOSE 报文丢包（丢 1 帧或 2 帧）、模拟 GOOSE 报文发送超时（如发送时间间隔大于 2 倍存活时间）、模拟 GOOSE 报文错序、模拟 GOOSE 报文重复、模拟 GOOSE 报文通信中断（如在 2 倍 GOOSE 报文最大发送时间间隔内未收到任何 GOOSE 报文）、模拟 GOOSE 报文的 Stnum 改变、模拟发送的 GOOSE 报文与配置文件不一致（如 dataset、条目数、gcRef、版本号、组播地址等不一致)、模拟 GOOSE 报文处于测试模式等状态，网络报文分析装置能够以上各种状态的 GOOSE 报文进行报文检查，检测报文异常，给出异常状态标识和告警。

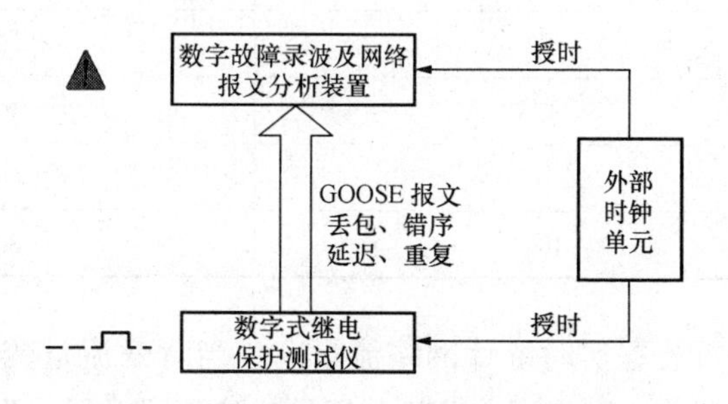

图 6－16　GOOSE 报文实时监测告警功能测试

网络报文分析装置接收 GOOSE 报文时进行实时解析，当 GOOSE 报文发生错误或异常，应按照错误类型给出相应告警和异常标记。

6. 网络流量及网络端口实时监测告警功能测试

采用图 6－17 所示方案进行测试，用网络流量发生器模拟发送不同长度和不同负载流量的组播或广播背景流量报文，用数字式继电保护测试仪发送 SV 报文和 GOOSE 报文。网络报文分析装置可以进行实时报文流量统计；当接收到的网络流量发生异常变化时，网络报文分析装置可以检测到网络流量异常，并给出告警。当网络报文分析装置的某个端口发生通信中断和通信超时，装置能够给出通信中断和通信超时告警。

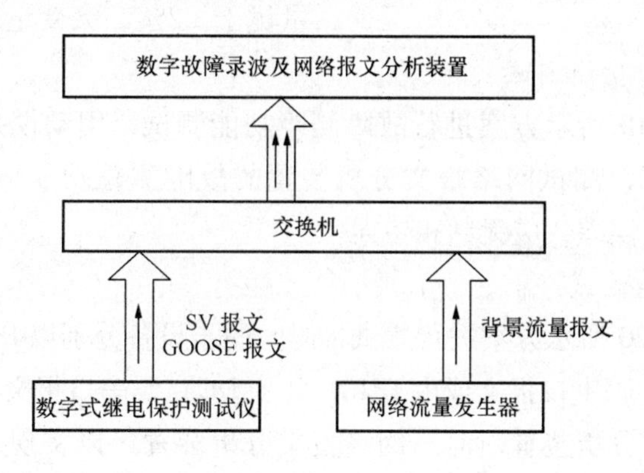

图 6－17　网络流量及网络端口实时监测告警功能

发送的背景流量报文以及背景流量负载可参考表6－13。

表6－13　　背景流量

序号	背景流量报文长度（字节）	背景流量负载
1	64	20%
2	128	40%
3	512	60%
4	1024	80%

网络报文分析装置实时统计网络流量，且当背景流量变化达到网络报文分析装置检测的阈值，网络报文分析装置给出流量异常及告警。

7. 暂态录波启动性能测试

采用图6－18所示方案进行测试，用数字式继电保护测试仪发送采样值报文和GOOSE报文，模拟相电压、零序电压突变，模拟相电压、正序电压、负序电压和零序电压越限，模拟相电流突变、零序电流突变，模拟相电流、负序电流、零序电流越限，模拟长期低电压，模拟开关变位，测试以上所有信号是否可作为启动量并可启动录波，且网络报文分析装置的越限启动量优于±2%，突变量启动优于±5%。

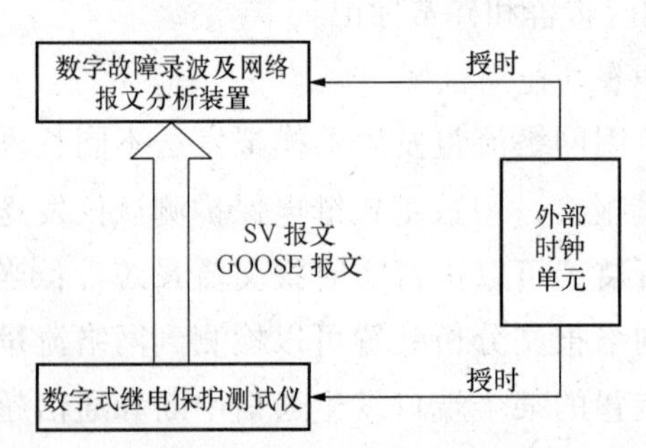

图6－18　暂态录波启动性能测试

8. 故障测距功能测试

采用图6－19所示方案进行故障测距功能测试，用动模系统模拟各种金属性短路的故障，测试网络报文分析装置的故障测距功能，包括故障类型、故障距离、测距误差，应无判相错误。

9. 对时功能测试

采用图6－20所示方案进行测试，时间同步设备分别以IEEE 1588同步报文、光IRIG－B码串口报文或电IRIG－B（DC）码串口报文三种不同的对时信号给网络报文分析装置对时，网络报文分析装置可以实现三种方式的时间同步，且同步精度小于1μs。

数字故障录波及网络报文分析装置
授时
外部时钟单元
模拟各种故障
授时
动模系统

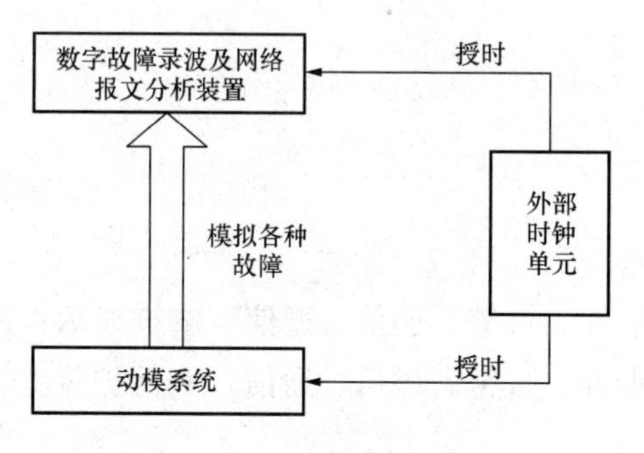

图6－19　故障测距功能测试

数字故障录波及网络报文分析装置
授时
时间同步设备

图6－20　对时功能测试

检验网络报文分析装置是否具有IEEE 1588、光IRIG－B、电IRIG－B（DC）对时功能，且对时精度小于1μs。

6.1.5　保护信息子站测试

6.1.5.1　测试内容

（1）子站装置面板显示功能检查。

（2）配置信息的召唤功能。

（3）URI命名规范性检查。

（4）SVG文件测试。

（5）定值测试。

（6）通信状况监视。

（7）开关模拟量测试。

（8）模拟试验测试。

（9）子站故障分析功能测试。

（10）子站信息的召唤测试。

（11）并发处理能力测试。

（12）保护遥控操作测试。

（13）存储能力测试。

（14）子站上传分站历史日志功能测试。

（15）子站信息过滤和信息定制及配置修改。

（16）性能检查。

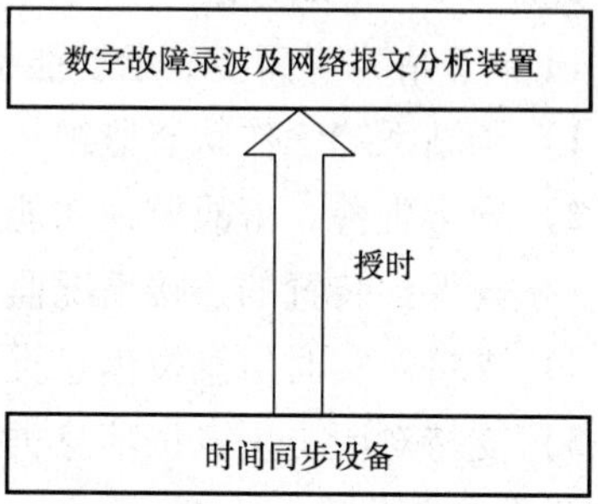

6.1.5.2 测试方法

（1）子站装置面板显示功能检查。

1）子站系统工作状态监视；

2）异常告警、事故监视功能；

3）与保护装置的连接情况监视功能；

4）支持对实时信息按信息类型（事件、告警、遥信、通信）查询显示；

5）支持对历史信息按信息类型（事件、告警、遥信、通信）和保护装置查询显示；

6）支持故障报告按保护装置查询显示；

7）各种信息的时间显示是否正确，排列是否合理，查看方式是否直观；

8）支持查询显示子站的软件程序的版本号、校验码、程序编译时间。

（2）配置信息的召唤功能检查。在子站上配置主站和分站接入的所有设备。在主站和分站上进行配置召唤，结果应与配置情况吻合。

1）召唤配置组信息：① 上送的组信息配置完全，包括模拟、开关、定值、连接片、保护定值区组、定值单编号；② 组标题命名规范。

2）召唤配置属性：① 模拟量组的二次变比、单位、最大、最小值，上送的数据正确，和保护/设备相关参数一致；② 数字量组类型填写正确；③ 定值组的单位、最大、最小值、定值类型，上送的数据正确，和保护一致信息数据完整；④ 定值区组要有保护定值区属性。

（3）URI 命名规范性检查。子站厂家能够根据子站技术规范的要求进行各一、二次设备的 URI 命名，并形成 CIM 文件，分别在主站和分站对其文件进行召唤。

1）召唤 CIM 文件成功，上送文件成功、文件大小正确。

2）命名规范，一、二次关联正确。

（4）SVG 文件测试。在主站和分站分别对子站端 SVG 文件进行召唤。

1）召唤 SVG 文件成功，上送文件成功，文件大小正确。

2）图形正确。

（5）定值测试。

1）召唤装置定值，检测与装置实际的定值是否一致。要求子站完整地接收装置的定值信息，应按照说明书分组，对应定值区号的定值名称、大小、单位与保护装置显示一致。对于保护装置未显示的定值信息，如整定范围

（最大值、最小值）及步长应与保护装置说明书定义一致。

2）是否可以实现各台保护装置定值的定期召唤和比对，自动比对定期召唤的定值，并发现定值改变并上送信息；召唤周期是否可设置。

3）召唤时间间隔要求≤15s。

（6）通信状况监视。

1）模拟与保护装置的通信中断，如拔下装置通信线或关掉装置，测试子站、主站、分站能否正确检测到。

2）模拟子站和分站通信中断，如拔下通信线，测试子站能否正确检测到。

（7）开关模拟量测试。

1）开关量及软连接片信号测试。

2）保护模拟量召唤。

3）自检及异常告警事件测试。模拟保护装置TA断线、TV断线、通道异常、开入回路异常等，测试子站、主站、分站的响应情况。

（8）模拟试验测试。

1）子站完整地接收保护、录波器上送事件，且信息描述及动作时间正确。

2）模拟量、开关量通道正确完备，通道波形和时标能够如实反应故障时间、故障现象和保护动作过程、原则上子站录波图应与保护打印录波图一致。录波图模拟量通道至少应包括相关电流互感器各相电流、相关电压互感器各相电压、零序电流、零序电压等。录波图开关量通道至少应包括收发信命令、各相跳闸命令、重合闸命令等。

3）时间要求：各种突发信息上送时间保证实时性，录波文件上送时间及时，满足主站要求。

（9）子站故障分析功能测试。保护故障动作后，子站装置要具有简单的故障分析处理能力，生成保护装置的电网故障报告，将其保存在子站装置内供故障发生后备分析参考。报告包含保护装置相关信息、保护动作信息、有关的告警和开关量，以及故障参数等。报告可通过面板查看或其他方式查看。

（10）子站信息的召唤测试。

1）召唤录波列表。

2）召唤保护录波数据。

3）召唤录波器大录波数据。

4）召唤历史数据。

（11）并发处理能力测试。

1）保护动作并发处理。模拟保护动作（选择优先送事件的保护装置），在录波上送期间，试验使该保护再次动作。

a. 主站（分站）对子站进行录波召唤，同时模拟装置保护动作；

b. 子站对保护装置录波进行召唤，同时模拟该保护装置保护动作；

c. 子站对保护装置录波进行召唤，同时模拟其他保护装置保护动作。

2）主分站并发召唤测试。

a. 主站和分站同时召唤子站同一数据；

b. 主站和分站同时召唤子站不同数据。

（12）保护遥控操作测试。子站应具备修改保护定值，切换保护当前定值区，投退保护软连接片的功能。子站遥控操作测试由子站后台或其他方式实现，同时遥控操作功能可以实现屏蔽，用户遥控操作权限可以设置。主要内容包括：① 用户遥控权限测试；② 修改保护定值测试；③ 切换保护当前定值区号测试；④ 投退保护软连接片。

（13）存储能力测试。

1）子站数据存储管理测试：

a. 子站系统应能通过子站后台或其他管理软件实现就地的实时信息查询；

b. 子站系统应能通过子站后台或其他管理软件实现就地的历史信息查询；

c. 子站系统应能通过子站后台或其他管理软件实现就地的历史录波文件查询；

d. 子站后台或其他管理软件是否有专门模块储存装置的信息点表。

2）子站装置存储测试：

a. 用模拟软件制造大容量文件上送子站，检查是否有85%容量时报警信息；

b. 用模拟软件制造大容量文件上送子站直至子站存储器不足，子站按照时间顺序删除录波文件；

c. 保护的录波文件最大存储数不低于1000个，超过最大存储数时，子站按照时间顺序删除录波文件；

d. 录波器录波文件最大存储数不低于300个，超过最大存储数时，子站按照时间顺序删除录波文件。

（14）子站上传分站历史日志功能测试，历史日志内容包含通信中断、运行异常、主站操作、子站录波文件删除操作等记录。历史日志通过通用文件召唤上传，以 txt 文件方式查看。

（15）子站信息过滤和信息定值及配置修改：

1）子站是否可以通过装置面板或其他方式将保护装置投“运行”与“检修”态，并能以子站装置面板或其他直观方式显示。

2）子站将某台装置投“检修”态，模拟此装置故障动作，动作信息不应上送至主分站。

3）对主分站定制不同的信息表，主站不定制 220kV 装置的信息，分站不定制 500kV 装置信息，主分站分别召唤配置是否正确。

4）当 500kV 与 220kV 分别有保护动作时，检查主分站分别接收的信息是否正确。

5）在子站上传主站的配置中删除 RCS931DMM；在子站上传分站的配置中添加 RCS931DMM。主站分站重新召唤配置。

6）配置发生改变时的报警功能。

（16）性能检查。多次召唤测试，即主站对子站数据进行多次召唤（10 次以上）：① 主站对子站进行录波召唤（已存在于子站的录波）；② 主站对子站进行定值召唤。

6.2 间隔层设备测试

智能变电站的间隔层设备测试，主要包括测控装置与保护装置测试两部分。其中，测控装置的测试主要有“四遥”功能测试、同期功能测试、虚端子信号检查等；保护装置的测试主要有采样值测试、检修状态测试、虚端子信号检查等。

6.2.1 测控装置测试

6.2.1.1 电源可靠性检查

1. 测试内容

包括正常工作状态下检验、80% ~110% 额定工作电源下检验、额定工作电源下检验、直流慢升自启动、装置工作电源在50% ~115%额定电压间波动、装置工作电源叠加纹波、装置工作电源瞬间掉电和恢复等。

2. 测试方法

主要采用测试仪输出电源，并调节电源大小和电源品质，观测装置运行是否出现异常。

6.2.1.2 测控装置面板功能检查

1. 测试内容

包括液晶屏及工况指示灯显示检查，断路器或隔离开关就地控制功能检查，断路器及隔离开关状态监视功能检查，监控面板遥测显示检查，装置异常检查，装置检修状态检查，状态监视图和控制图图形检查，编号显示正确性检查，GOOSE链路状态显示检查，装置联闭锁信息检查，遥控记录功能检查。

2. 测试方法

测试项目及要求见表6-14。

表6-14　测控装置面板功能检查

序号	测试项目	要　求	测试结果
1	液晶屏及工况指示灯显示检查	液晶屏能显示接线图和相应信息，各工况指示灯指示正常	
2	断路器或隔离开关就地控制功能检查	在测控装置面板上进行开出传动，相应断路器或隔离开关正确动作	
3	断路器及隔离开关状态监视功能	对应断路器及隔离开关状态，面板显示正确	
4	监控面板遥测显示	进行一次升流/二次升压；装置、后台显示正确	
5	装置异常	LED显示，并告警	
6	装置检修状态检查：将装置检修连接片打上，检查装置信号是否能上传	后台显示装置检修态，期间检修装置的所有信号被屏蔽，不能送出	
7	状态监视图和控制图图形、编号正确	正确	

6.2.1.3 “四遥”功能测试

1. 测试内容

“四遥”功能指遥信、遥测、遥控和遥调功能。“四遥”功能测试包括开关量采集处理、GOOSE 功能、控制执行输出、遥控实现、直流量采集测试，电压（量程100V）、电流（量程5A或1A）、有功、无功、频率（50Hz）、直流（0~5V或4~20mA）等；频率只测100%量程；远方响应时间。

2. 测试方法

见表6－15。

表6－15 “四遥”功能测试

序号	测试项目	要　求	测试结果
1	开关量采集处理	状态量、告警量、BCD码的输入正确	
2	控制执行输出	提供对被控设备的控制功能，脉宽≥400ms	
3	遥控实现	必须以 GOOSE 实现遥控功能	
4	交流采样功能	100V，1A或5A输入；精度电流、电压：0.2级，功率：0.5级	
5	直流量采集	4~20mA或0~5V输入；精度0.5级	
6	装置积分电度量	交流采样自动积分	
7	预留3路中性点直流分量接入点	4~20mA输入；精度0.5级	

6.2.1.4 同期功能测试

1. 测试内容

包括检无压、频率差、电压差、相角差、同期不满足条件显示、同期功能解锁。

2. 测试方法

见表6－16。

表6－16 同期功能测试

序号	测试项目	测试方法	测试结果	备注
1	检无压	模拟断路器两侧均无压、断路器一侧无压，进行同期合闸操作		

续表

序号	测试项目	测 试 方 法	测试结果	备注
2	频率差	模拟断路器两侧频率差满足频差定值，进行同期合闸操作		
3	电压差	模拟断路器两侧电压差满足电压定值，进行同期合闸操作		
4	相角差	模拟断路器两侧相角差满足相角差定值，进行同期合闸操作		
5	同期功能解锁	将装置定值整定为单断路器同期、同期控制字整定为不检同期，启动同期则装置将直接出口合闸		

6.2.1.5 GPS 对时精度测试

1. 测试内容

对各装置的 GPS 时间和 GPS 时间同步系统之间的时间进行核对。

2. 测试方法

通过 GPS 发生源对装置施加信号，测试发生源与装置之间的时间误差。

6.2.1.6 SOE 分辨率测试

1. 测试内容

测控装置的 SOE 精度应小于 2ms。

2. 测试方法

将 SOE 分辨率测试仪发出 4 个相隔 1 ms 的空触点脉冲信号输出分别接入间隔层测控装置的开入，通过检查这些开入的 SOE 时间记录相差值来检查 SOE 分辨率。

6.2.1.7 光纤接口装置光功率及裕度测试

1. 测试内容

1）装置光功率输出。

2）装置光接收功率。

3）接收光功率裕度。

2. 测试方法（以 GOOSE 光口为例）

1）装置光功率输出。将光功率计接入装置的光纤接口发送端（Tx）进行测量。

2）装置光接收功率。将光功率计接入 GOOSE 交换机的光纤接口接收端（Rx）进行测量，测量的数据实际为装置的接收光功率。

3）光功率裕度。将光功率衰耗器串接入光纤发送（或接收）回路，调整光功率衰耗器至 GOOSE 断链，然后解开光纤接收端口，接入光功率计，测量此时的光功率。用正常时的光功率减去断链时的光功率，即为光功率裕度。也可测量断链恢复时的光功率裕度，两者一般有 1～3dBm 的差别。

6.2.1.8 通信功能检验

1. 检测内容

1）站控层网络测试：设备在各种通信情况下应不死机。

2）抗网络风暴测试：当通道吞吐量满负载时，设备应不死机。当通道正常后，设备应能恢复正常。

2. 测试方法

1）站控层网络测试方法：通过实际主机或模拟主机对设备的站控层网络实现各种服务，模拟各种肯定和否定测试，观察设备的反应。

2）抗网络风暴测试方法：通过报文发生器给设备的通信端口发带内报文，吞吐量设置为100%。

6.2.1.9 开入开出实端子信号检查

1. 检查内容

检查开入开出实端子是否正确显示当前状态。

2. 检查方法

根据设计图纸，投退各个操作按钮（把手），查看各个开入开出量状态。

6.2.1.10 虚端子信号检查

1. 检查内容

1）检查设备的虚端子（SV/GOOSE）是否按照设计图纸正确配置。

2）检查设备的虚端子是否与功能设计相符，并进行 ICD 文件的一致性检测。

2. 检查方法

1）通过数字测试仪加量或通过模拟开出功能使保护设备发出 GOOSE 开出虚端子信号，抓取相应的 GOOSE 发送报文分析或通过保护测试仪接收相应 GOOSE 开出，以判断 GOOSE 虚端子信号是否能正确发送。

2）通过数字测试仪发出 GOOSE 开出信号，通过待测保护设备的面板显示来判断 GOOSE 虚端子信号是否能正确接收。

3）通过数字测试仪发出 SV 信号，通过待测保护设备的面板显示来判断 SV 虚端子信号是否能正确接收。

6.2.1.11 其他功能测试

1. 测试内容

包括开关量防抖动测试、模拟量越死区上报测试、BCD 解码功能检查、报文正常刷新测试、召唤和整定定值成功、模拟量的滤波、模拟电压互感器二次回路断线、编程口诊断、模拟通信故障、测控装置退出运行的安全性等功能测试。

2. 测试方法

见表 6－17。

表 6－17 其他功能测试

序号	测试项目	要求	测试结果	备注
1	开关量防抖动功能	将测控装置的开入量消抖时间定值改为 0.5s，然后产生一个持续时间小于 0.5s 的开入脉冲；测控装置不应产生该开入的 SOE		
2	模拟量越死区上报功能	将模拟量死区整定值设为 10%。输入超过死区的变化量输入值，装置应小于 3s 将变化信息上传；然后输入一死区范围内模拟量，后台在小于 3s 的时间内看不到该变化量；后台显示正确		
3	BCD 解码功能检查	在测控装置的 BCD 编码输入端子上分别施加码值为 9、10、11 的码值，正确显示码值		
4	在当地监控计算机上监视与测控装置的通信报文数据是否正常滚动刷新，以及召唤和整定各子模块定值应成功	报文正常刷新，召唤和整定定值成功		
5	模拟量的滤波功能检查	在模拟量的输入端子上加入基波分量和一定数量的 3、5 次等奇数次谐波分量；测控装置能正确分辨各次谐波分量的大小		

续表

序号	测试项目	要 求	测试结果	备注
6	检查每一个控制对象是否具备独立的闭锁触点	应具备		
7	模拟 TV 二次回路断线	正确进行检测		
8	编程口诊断功能	对本单元硬件和软件故障进行诊断		
9	模拟通信故障	应能告警		
10	任意选一台测控装置退出运行	不影响系统的正常运行		

6.2.2 保护装置测试

智能站保护装置的内部逻辑与常规保护装置是一样的，不同的是外部接口基本采用数字化形式。智能站保护装置的电流电压采样取自间隔合并单元。间隔合并单元输出的 IEC 61850 -9 -2 格式数据中含有双 AD 的保护电流数据、单 AD 的测量电流数据以及双 AD 的电压数据。对于智能站保护采样值的测试，除了传统的精度测试，还需要验证保护装置如何处理采样值不同步、无效、畸变、传输异常以及双 AD 数据等。智能站保护装置采用基于 GOOSE 报文的开关量输入输出，应采用基于 GOOSE 发布和订阅的测试手段测试保护装置的开入开出功能。由于保护装置与后台、其他保护装置、智能终端、合并单元等信息交互均采用以太网通信，还应测试保护装置在通信异常处理能力。保护装置单体测试图如图 6 -21 所示。

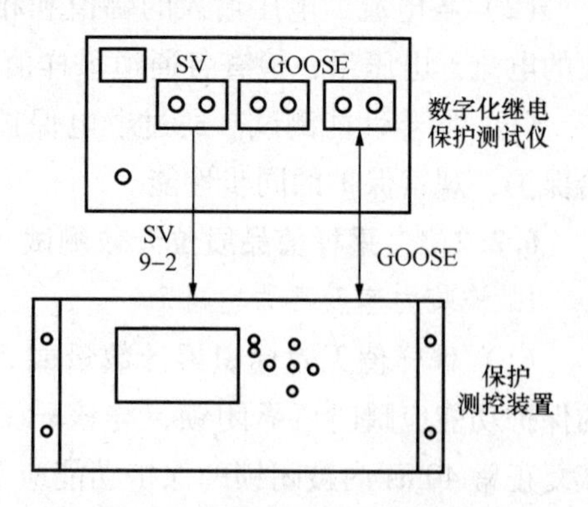

图 6 -21 保护测控装置单体测试图

6.2.2.1 电源可靠性检查

1. 测试内容

包括正常工作状态下检验、80% ~110% 额定工作电源下检验、额定工作电源下检验、直流慢升自启动、装置工作电源在50% ~115%额定电压间波动、装置工作电源叠加纹波、装置工作电源瞬间掉电和恢复等。

2. 测试方法

采用测试仪输出电源，调节电源大小和电源品质，观测装置运行是否出现异常。

6.2.2.2 交流量精度检查

1. 检查内容

（1）零点漂移检查。数字量输入的保护装置零点漂移应为零，模拟量输入的保护装置零点漂移应满足装置技术条件的要求。

（2）各电流、电压输入的幅值和相位精度检验。检查各通道采样值的幅值、相角和频率的精度误差，应满足技术条件的要求。

（3）同步性能测试。检查保护装置对不同间隔电流、电压信号的同步采样性能，应满足技术条件的要求。

2. 检查方法

通过继电保护测试仪给保护装置输入电流电压值。

（1）零点漂移检查。保护装置不输入交流电流、电压量，观察装置在一段时间内的零漂值，应满足要求。

（2）各电流、电压输入的幅值和相位精度检验。分别输入不同幅值和相位的电流、电压量，检查各通道采样值的幅值、相角和频率的精度误差。

（3）同步性能测试。通过继电保护测试仪加几个间隔的电流、电压信号给保护，观察保护的同步性能。

6.2.2.3 采样值品质位无效测试

1. 检验内容及要求

（1）采样值无效标识累计数量或无效频率超过保护允许范围，可能误动的保护功能应瞬时可靠闭锁，与该异常无关的保护功能应正常投入，采样值恢复正常40ms内被闭锁的保护功能应及时开放。

（2）采样值数据标识异常应有相应的掉电不丢失的统计信息，装置应采用瞬时闭锁延时报警方式。

2. 检验方法

测试接线如图6－22所示。通过数字继电保护测试仪按不同的频率将采样值中部分数据品质位设置为无效，模拟MU发送采样值出现品质位无效的情况。

6.2.2.4 采样值畸变测试

1. 检验内容及要求

对于电子式互感器采用双 A/D 的情况，一路采样值畸变时，保护装置不应误动作；当两路采样值均畸变时，畸变时间不超过 3ms，保护装置不应误动作。

2. 检验方法

通过数字继电保护测试仪模拟电子式互感器双 A/D 中保护采样值中部分数据进行畸变放大，畸变数值大于保护动作定值，同时品质位有效，模拟一路或两路采样值出现数据畸变的情况。测试接线如图 6－23 所示。

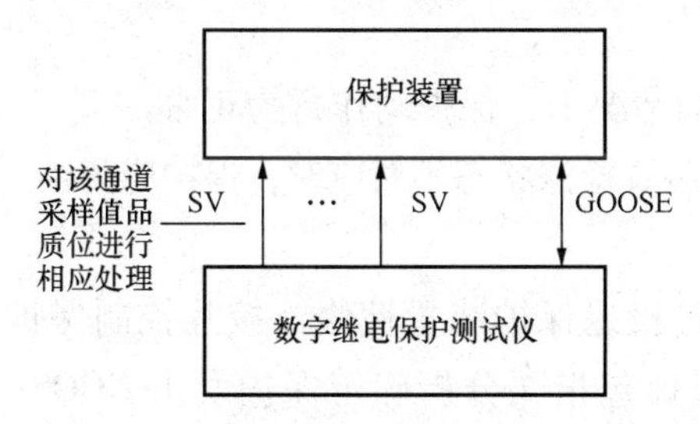

图 6－22 采样值数据标识异常测试接线图

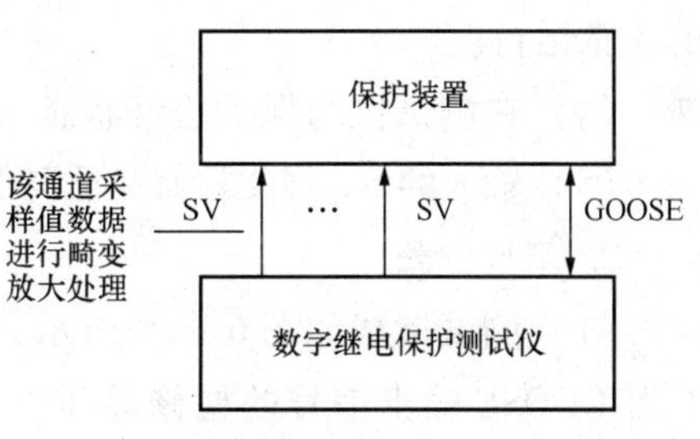

图 6－23 采样值数据畸变测试接线图

6.2.2.5 采样值传输异常测试

1. 测试内容

采样值传输异常导致保护装置接收采样值通信延时、MU 间采样序号不连续、采样值错序及采样值丢失数量超过保护设定范围，相应保护功能应可靠闭锁。以上异常未超出保护设定范围或恢复正常 40ms 后，保护区内故障保护装置可靠动作并发送跳闸报文，区外故障保护装置不应误动。

2. 测试方法

通过数字继电保护测试仪调整采样值数据发送延时、采样值序号等方法模拟保护装置接收采样值通信延时增大、发送间隔抖动大于 10μs、MU 间采样序号不连续、采样值错序及采样值丢失等异常情况，并模拟保护区内外故障。测试接线如图 6－24 所示。

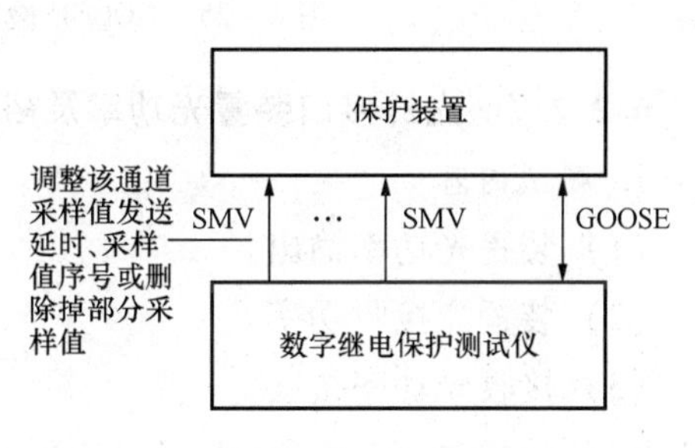

图 6－24 采样值传输异常测试接线图

6.2.2.6 检修状态测试

1. 测试内容及要求

（1）保护装置 GOOSE 信号的检修品质应能正确反映保护装置检修连接片的投退。

（2）保护装置 GOOSE 信号检修品质置位后，应不给站控层网络发送任何信息。

（3）输入的 GOOSE 信号检修品质与保护装置检修状态不对应时，保护装置对相关 GOOSE 输入信号的响应应保证检修设备的输出信号不影响运行设备的正常运行。

（4）在测试仪与保护检修状态一致的情况下，保护动作行为正常。

（5）输入的 SV 报文检修品质与保护装置检修状态不对应时，保护应闭锁。

2. 测试方法

（1）测试接线如图 6－25 所示，通过投退保护装置检修连接片控制保护装置 GOOSE 输出信号的检修品质，通过抓包报文分析确定保护发出 GOOSE 信号的检修品质的正确性。

（2）通过数字继电保护测试仪控制输入给保护装置的 SV 和 GOOSE 信号检修品质。

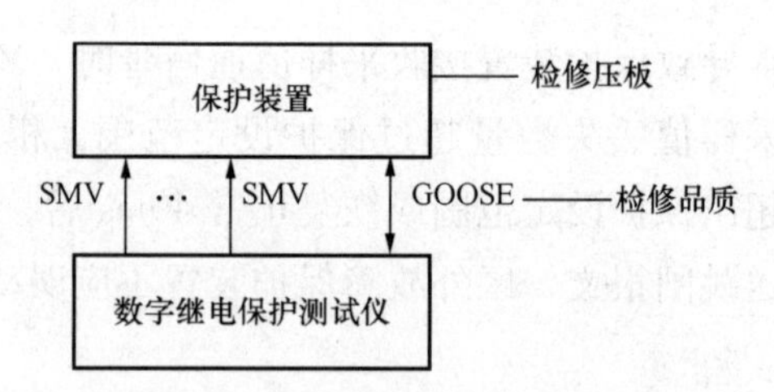

图 6－25 GOOSE 检修状态测试接线图

6.2.2.7 光纤接口装置光功率及裕度测试

1. 测试内容

（1）装置光功率输出。

（2）装置光接收功率。

（3）接收光功率裕度。

2. 测试方法（以 GOOSE 光口为例）

（1）装置光功率输出。将光功率计接入装置的光纤接口发送端（Tx）进行测量。

（2）装置光接收功率。将光功率计接入 GOOSE 交换机的光纤接口接收端（Rx）进行测量，测量的数据实际为装置的接收光功率。

（3）光功率裕度。将光功率衰耗器串接入光纤发送（或接收）回路，调整光功率衰耗器至 GOOSE 断链，然后解开光纤接收端口，接入光功率计，测量此时的光功率。用正常时的光功率减去断链时的光功率，即为光功率裕度。也可测量断链恢复时的光功率裕度，两者一般有 1～3dBm 的差别。

6.2.2.8 通信功能检验

1. 检查内容及要求

（1）过程层通信异常测试：当 SV 或 GOOSE 通信时断时续时，保护装置应不误动；当通信异常消失后，保护装置应恢复正常。当接收到错误报文时，设备应不误动；当错误报文消失后，设备应恢复正常。

（2）站控层网络测试：设备在各种通信情况下应不死机。

（3）抗网络风暴测试：当通道吞吐量满负载时，设备应不死机；当通道正常后，设备应能恢复正常。

2. 检查方法

（1）通信中断测试方法：拔出对应的通信光纤或网线。

（2）通信恢复测试方法：插入对应的通信光纤或网线。

（3）通信异常测试方法：① 插拔光纤造成通信时断时续；② 通过数字继电保护测试仪给保护装置发送 CRC 校验错误报文。

（4）站控层网络测试方法：通过实际主机或模拟主机对设备的站控层网络实现各种服务，模拟各种肯定和否定测试，观察设备的反应。

（5）抗网络风暴测试方法：通过报文发生器给设备的通信端口发带内报文，吞吐量设置为 100%。

6.2.2.9 通信断续测试

1. 测试内容

（1）MU 与保护装置之间的通信断续测试。

1）MU 与保护装置之间 SV 通信中断后，保护装置应可靠闭锁，保护装置液晶面板应提示“SV 通信中断”且告警灯亮，同时后台应接收到“SV 通信中断”告警信号。

2）在通信恢复 40ms 后，保护功能应恢复正常，保护区内故障保护装置可靠动作并发送跳闸报文，区外故障保护装置不应误动，保护装置液晶面板的“SV通信中断”报警消失，同时后台的“SV通信中断”告警信号消失。

（2）智能终端与保护装置之间的通信断续测试。

1）保护装置与智能终端的GOOSE通信中断后，保护装置不应误动作，保护装置液晶面板应提示“GOOSE通信中断”且告警灯亮，同时后台应接收到“GOOSE通信中断”告警信号；

2）当保护装置与智能终端的GOOSE通信恢复后，保护装置不应误动作，保护装置液晶面板的“GOOSE通信中断”消失，同时后台的“GOOSE通信中断”告警信号消失。

2. 测试方法

通过数字继电保护测试仪模拟MU与保护装置及保护装置与智能终端之间通信中断、通信恢复，并在通信恢复后模拟保护区内外故障。测试接线如图6-26所示。

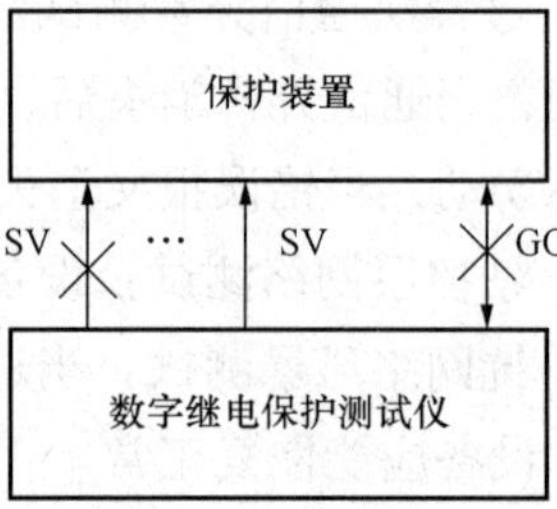

图6-26　通信断续测试接线图

6.2.2.10　开入开出实端子信号检查

1. 检查内容

检查开入开出实端子是否正确显示当前状态。

2. 检查方法

根据设计图纸，投退各个操作按钮（把手），查看各开入开出量状态。

6.2.2.11　虚端子信号检查

1. 检查内容

（1）检查设备的虚端子（SV/GOOSE）是否按照设计图纸正确配置。

（2）检查设备的虚端子是否与功能设计相符，并进行ICD文件的一致性检测。

2. 检查方法

（1）通过数字继电保护测试仪加量或通过模拟开出功能使保护设备发出GOOSE开出虚端子信号，抓取相应的GOOSE发送报文分析或通过保护测试仪接收相应GOOSE开出，以判断GOOSE虚端子信号是否能正确发送。

（2）通过数字继电保护测试仪发出GOOSE开出信号，通过待测保护设备的面板显示判断GOOSE虚端子信号是否能正确接收。

（3）通过数字继电保护测试仪发出 SV 信号，通过待测保护设备的面板显示来判断 SV 虚端子信号是否能正确接收。

6.2.2.12 整定值的整定及检验

1. 检查内容

检查设备的定值设置，以及相应的保护功能和安全自动功能是否正常。

2. 检查方法

设置好设备的定值，通过测试系统给设备加入电流、电压量，观察设备面板显示和保护测试仪显示，记录设备动作情况和动作时间。

保护测控装置的内部逻辑和常规保护测控装置是一样的，不同的是外部接口基本采用数字化形式。

6.3 过程层设备及测试

智能变电站中互感器输出供保护、测量、计量等各装置使用，它们对互感器输出的精度有着不同的要求，互感器的准确度直接关系到线路及主设备传输电量计量结果是否精确。要使各系统运行在正确有效的状况下，对互感器输出的精度必须进行校验。非常规互感器也必须达到一定的测量精度才可以用于变电站自动化系统中的各个功能中去。由于非常规互感器采用数字输出，还增加了合并器，测试方法和测试工具与常规互感器会有相应的改变。

常规互感器试验项目包括工频耐压试验、局部放电试验、互感器误差测定（比差、角差）以及零漂及瞬态过程试验。非常规互感器要配合合并器、激光器等使用，因此需要增加一定的试验项目，主要包括以下四个：

（1）激光电源模块测试。将采集器激光电源输入端与合并器激光电源模块相连接，通过采集器是否正常工作来判断激光电源模块是否完好。

（2）合并器 RJ45 以太网接口调试。通过将合并器输出 RJ45 以太网接口与保护装置输入 RJ45 以太网口连接，观察合并器和保护装置能否正常通信来判断合并器接口是否完好。

（3）合并器输入光纤接口调试。通过将合并器输入光纤接口与采集器输出光纤接口相互连接，以判断合并器输入光纤接口是否正常工作。

（4）合并器输出光纤接口调试。通过将合并器输出光纤接口与保护装置输入光纤接口连接，观察合并器和保护装置能否正常通信来判断合并器输出光纤接口是否完好。

光电互感器与传统互感器外形相似，但体积小，质量轻，主要由传感头、绝缘支柱和光缆三部分组成。合并器主控室内，在各间隔测控屏上增加合并器装置，合并器将各电流互感器传回的电流数据和由电压互感器合并器传来的电压数据处理后打包输出。输出数据分别提供给保护、测控、母差、电能表、低频、小电流选线等装置。每个装置用一根光缆即可，每根光缆可以提供多个信号，如三个相电流、三个相电压、三个测量电流、一个零序电流、一个零序电压、一个线路电压等。因此，智能变电站采用少量光缆可以代替大量电缆，同时还可实现信息共享。

与常规综合自动化站相比，智能变电站增加了一个同步装置。二次设备同时接收多个合并器的数据，则这几个合并器需要同步工作。只有采样同步，才能保证采样数据有参考价值，用于作出处理和判断。同步装置可以使全站合并器采样同步，同步信号通过光缆送入各合并器，其误差应小于125ns。

智能变电站要求一次设备智能化，即智能变电站使用常规断路器和主变压器的设备，需进行数字化改造。在断路器就地安装智能单元，完成控制信号的光电转换：从测控装置到智能单元采用光缆通信；从智能单元到断路器内部仍用常规电缆，实现断路器跳、合闸和预告信号等功能。对主变压器加装智能单元，可实现调压、温度、瓦斯等功能。另外，对于低电压等级互感器的处理，如对10、35kV的光电互感器，为降低成本，传感头中的采集器、A/D转换器和光发生器LED部分取出，由合并器完成其功能，合并器和测控保护装置就地安装于开关柜上，因此只提供常规电源即可，可节省能量线圈和激光电源。同时，由于绝缘简单，互感器制造工艺要求降低，因而大大节省造价。

6.3.1 电子式互感器及合并单元测试

6.3.1.1 电子式互感器稳态准确度试验

1. 检查内容及要求

电子式互感器精度试验进行5次，对电子式电流互感器，其误差限值应满足GB/T 20840.8—2007 13.1.3要求；对电子式电压互感器，其误差限值应满足GB/T 20840.7—2007 13.5的要求。具体要求见表6－18和表6－19。

表 6－18　　保护用电子式电流互感器的电压误差和相位误差限值

准确级	电流误差在额定一次电流下（%）	相位差在额定一次电流下		复合误差，在额定准确限值一次电流下（%）	最大峰值瞬时误差在准确限值条件下（%）
		（′）	crad		
5TPE	±1	±60	±1.8	5	10
5P	±1	±60	±1.8	5	—
10P	±3	—	—	10	—

注　对 TPE 级和 GB 1208—2006 规定的各级（PR 和 PX）以及 GB 16847 规定的其他各级（TPS，TPX，TPY，TPZ），有关暂态的信息详见 GB/T 20840.8—2007 附录 H。

表 6－19　　保护用电子式电压互感器的电压误差和相位误差限值

准确级	在下列额定电压 U_p/U_{pn}（%）下								
	2			5			x[①]		
	ε_u ±1%	φ_e ±（′）	φ_e ±crad	ε_u ±1%	φ_e ±（′）	φ_e ±crad	ε_u ±1%	φ_e ±（′）	φ_e ±crad
3P	6	240	7	3	120	3.5	3	120	3.5
6P	12	480	14	6	240	7	6	240	7

注　1. φ_{0n}的正常值应为零，但在电子式电压互感器必须与其他电子式电压互感器或电子式电流互感器组合使用时，为了具有一个公共值，可以规定其他值。

2. 延迟时间的影响见详见 GB/T 20840.7—2007 附录 C5.1。

①　x 为额定电压因数乘以 100。

2. 检查方法

电子式电流互感器和电压互感器的准确度试验方法参见图 6－27～图 6－29。

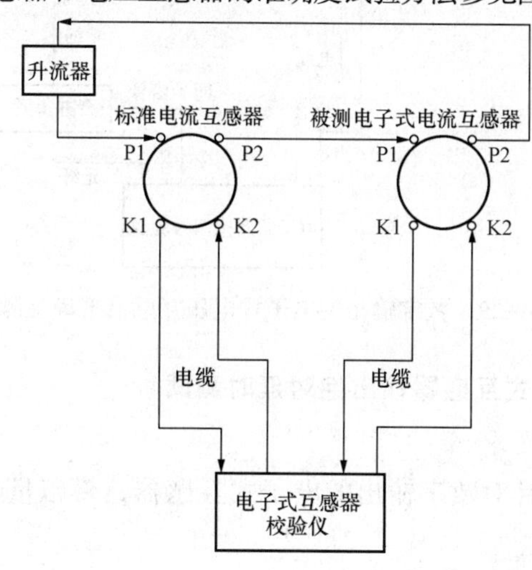

图 6－27　模拟量输出的电子式电流互感器准确度测试

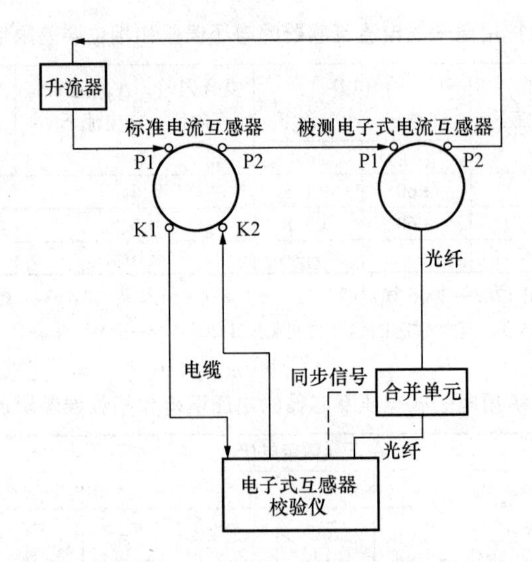

图 6－28　数字输出的电子式电流互感器准确度测试

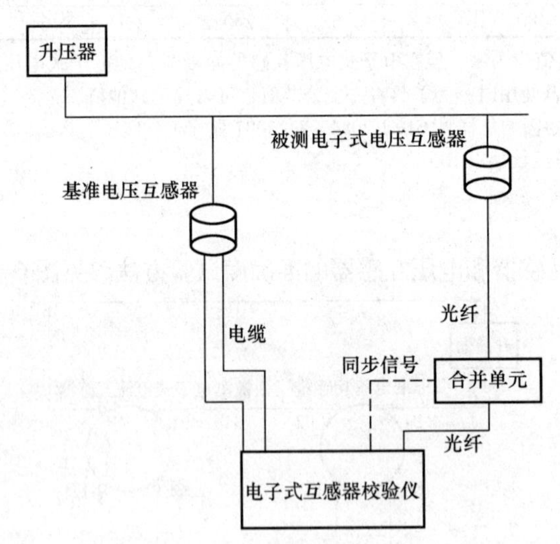

图 6－29　数字输出的电子式电压互感器准确度测试

6.3.1.2　电子式互感器输出绝对延时测试

1. 测试内容及要求

(1) 该测试仅针对数字输出的电子式互感器，模拟量输出的电子式互感器不需进行该项测试。

(2) 电子式互感器输出绝对延时应稳定且准确。稳定要求：做 5 次试验，用最大值减去最小值，差值误差不超过20μs。准确要求：结果小于2ms。

（3）MU级联后的绝对延时也应满足上述要求。

（4）以该检测值作为合并单元现场的配置数据。

2. 测试方法

电子式互感器输出绝对延时如图6－30、图6－31所示。

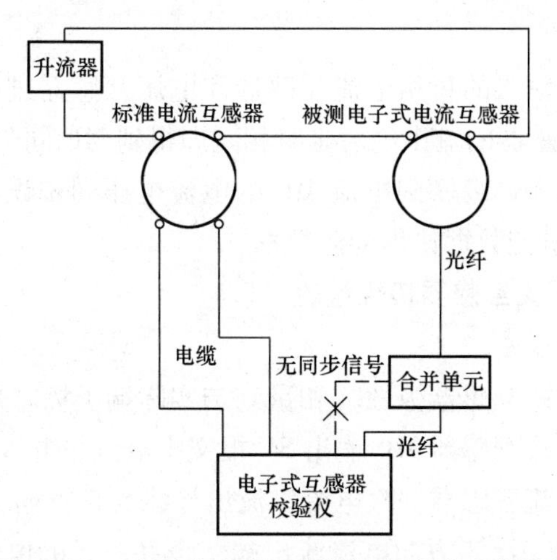

图6－30　电子式电流互感器输出绝对延时测试

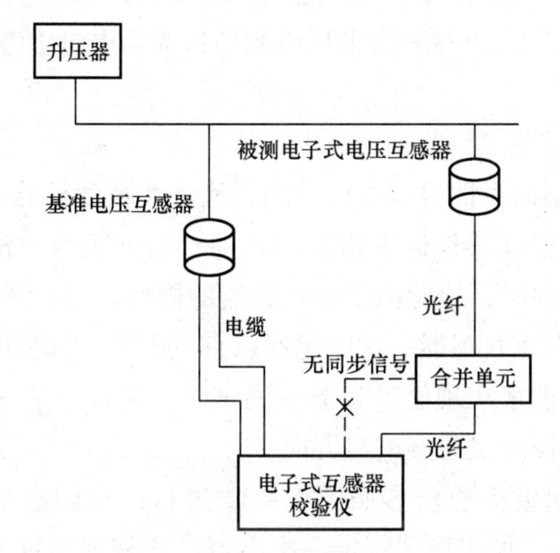

图6－31　电子式电压互感器输出绝对延时测试

输出绝对延时测试系统与准确度测试系统类似，但合并单元不接收电子式互感器校验仪的同步信号，由电子式互感器校验仪测出基波的角度差，该角度差折算到时间即是电子式互感器输出绝对延时。

6.3.1.3 MU输入电流、电压信号的同步检验

1. 检验内容及要求

检查MU对输入电流、电压信号的同步性能，MU对输入额定电流、电压的同步误差应不大于0.2ms。

2. 检验方法

（1）单个MU输入的每相电流互感器和电压互感器进行输出绝对延时测试，用相互两相互感器的输出绝对延时相减即得到MU同步误差。

（2）对于电压MU级联到电流MU的电流电压同步误差检验，应以电流MU输出的电压、电流数据作为检测数据。

6.3.1.4 电子式互感器极性检验

1. 检验内容及要求

（1）检查电子式互感器极性（相量）与实际端子标志是否吻合。

（2）检验电子式互感器MU输出SV报文中电流、电压数据的方向。

（3）电子式电流互感器一次电流以流出母线为正方向，P1为一次正方向电流流入端，P2为一次正方向电流流出端，合并单元的电流方向应与互感器一次电流一致，数字量输出帧中对应值中MSB等于0。

（4）电子式电压互感器一次电压以大地作为零电位参考。

2. 校验方法

（1）电子式电流互感器。

1）电子式互感器极性检验可以采用直流法和精度校验法。其中直流法要求电子式互感器校验仪具备极性检验的功能；精度校验方法是对电子式互感器进行角差精度校验时，检验电子式互感器的极性。

2）对电子式电流互感器一次绕组通以直流电流，如图6-32所示，通过电子式互感器校验仪来实现极性校验。测试时，闭合开关S，随即快速断开，通过电子式互感器校验仪观察电流方向。

3）精度校验法极性检验参照图6-32进行：按照电子式互感器标志的P1、P2端进行接线，加入稳定额定一次电流，比较校验仪显示的电子式互感器电流与基准互感器电流相位是否相同。

（2）电子式电压互感器。

1）对于电感分压的电子式电压互感器极性校验可采用直流法和精度校验

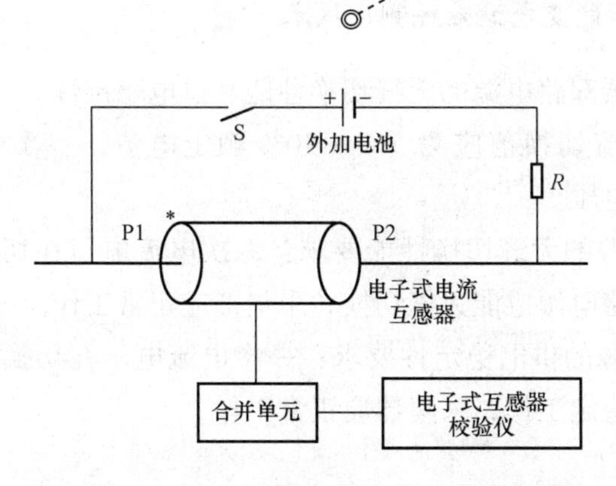

图 6－32 电子式电流互感器直流法极性校验

法，对于电容和电阻分压原理的电子式电压互感器极性校验采用精度校验法。

2）对电子式电压互感器一次绕组加以直流电压，如图 6－33 所示，通过电子式互感器校验仪来实现极性校验。测试时，闭合开关 S，随即快速断开，通过电子式互感器校验仪观察电压方向。

3）给电子式电压互感器一次绕组加入稳定额定一次电压，如图 6－33 所示，比较校验仪显示的电子式互感器电压与基准互感器电压相位是否相同。

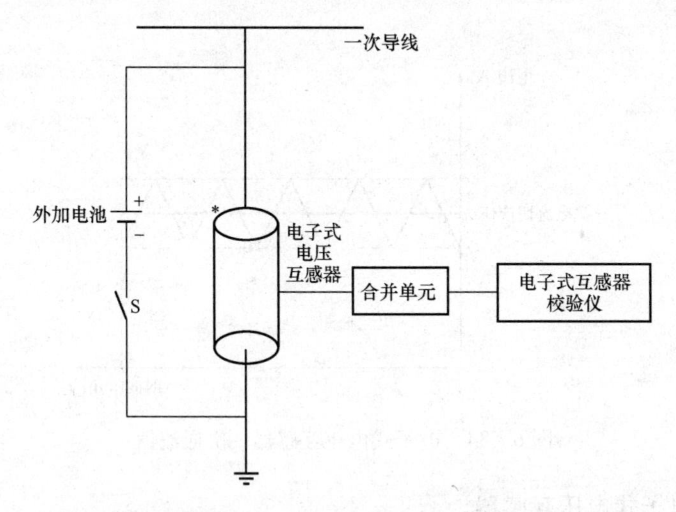

图 6－33 电感分压的电子式电压互感器直流法极性校验

6.3.1.5 供电电源切换检验

1. 检验内容及要求

（1）该测试一般适用于户外布置的有源式电子式互感器，检验电子式互感器本体中采集器双路电源的无缝切换性能和供电稳定性。

（2）一次电流切换值应为 5% ~10% 额定电流，一次电压切换值应为 50% ~70% 额定电压。

（3）双路电源的无缝切换性能要求：一次电流电压在切换值附近往复波动时，采集器双路电源应能无缝切换，采集器应正常工作。

（4）双路电源的供电稳定性要求：一次电流电压在切换值附近频繁切换时，双路电源应稳定工作，采集器应正常工作。

2. 校验方法

（1）电子式电流互感器。

1）先断开激光电源，一次通流，从零升高，当 MU 正常工作时，记录下此时的一次电流，以此电流作为电子式电流互感器的一次电流切换值，应在 5% ~10% 额定电流之间。

2）接通激光电源，一次电流在切换值附近 10min 内往复 5 次（往复 1 次：一次电流电压从切换值下 20% 处升高到切换值上 20% 处，再从切换值上 20% 处降低到切换值下 20% 处），如图 6－34 所示。观察双路电源及采集器的工作状态。

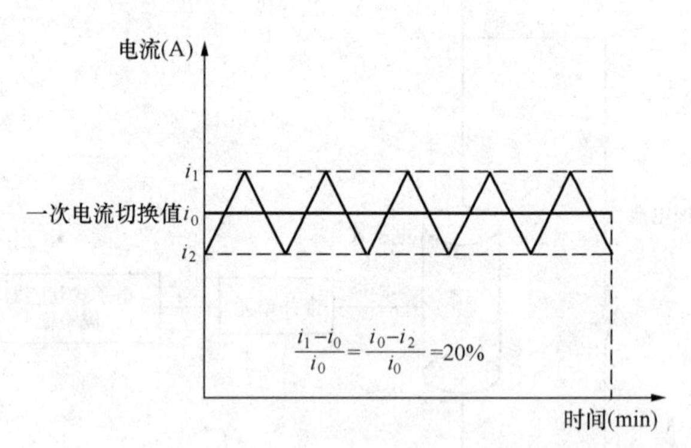

图 6－34　电子式电流互感器一次通流值

（2）电子式电压互感器。

1）先断开直流电源，一次加压，从零升高，当 MU 正常工作时，记录下此时的一次电压，以此电压作为电子式电压互感器的一次电压切换值，应在 50% ~70% 额定电压之间。

2）接通直流电源，一次电压在切换值附近 10min 内往复 5 次（往复 1

次：一次电流电压从切换值下 20% 处升高到切换值上 20% 处，再从切换值上 20% 处降低到切换值下 20% 处)，如图 6－35 所示。观察双路电源及采集器的工作状态。

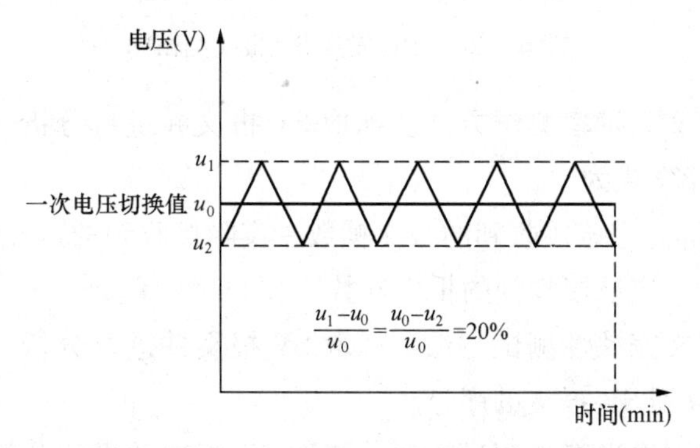

图 6－35　电子式电压互感器一次通流值

6.3.1.6　MU 发送 SV 报文检验（频率、离散度、错误标、品质位）

1. 检验内容及要求

（1）SV 报文丢帧率测试。检验 SV 报文的丢帧率，丢帧率应小于 1‰。

（2）SV 报文完整性测试。检验 SV 报文中序号的连续性，SV 报文的序号应从 0 连续增加到 $50N-1$（N 为每周期采样点数），再回复到 0，任意两帧 SV 报文的序号应连续。

（3）SV 报文发送频率测试。SV 报文应每一个采样点一帧报文，SV 报文的发送频率应与采样点频率一致，即 1 个 APDU 包含 1 个 ASDU。

（4）SV 报文发送间隔离散度检查。检验 SV 报文发送间隔离散度是否等于理论值（20/N ms，N 为每周期采样点数）。试验时间大于 30min，测出的间隔抖动应不大于 10μs。

（5）SV 报文品质位检查。在电子式互感器工作正常时，SV 报文品质位应无置位。在电子式互感器工作异常时，SV 报文品质位应正确置位。

2. 检验方法

将 MU 输出 SV 报文接入笔记本电脑、网络监视仪、故障录波器等具有 SV 报文接收和分析功能的装置，进行 SV 报文的检验。用笔记本电脑进行测试时，启用抓包软件（如 ethereal、wireshark 等），抓取 SV 报文并进行分析。

采用图 6－36 所示系统抓取 SV 报文并进行分析。

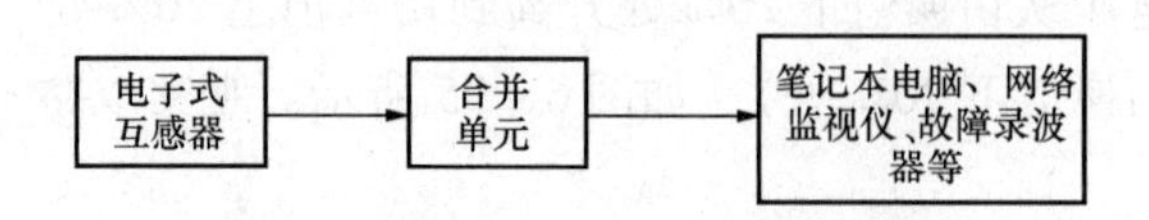

图 6-36　MU 发送 SV 报文测试图

(1) SV 报文丢帧率测试方法。抓取 SV 报文并进行分析，试验时间大于 1min。丢帧率计算式为

丢帧率 =(应该接收到的报文帧数 - 实际接收到的报文帧数)/应该接收到的报文帧数

(2) SV 报文完整性测试方法。抓取 SV 报文并进行分析，试验时间大于 1min。检查抓取到 SV 报文的序号。

(3) SV 报文发送频率测试方法。抓取 SV 报文并进行分析，试验时间大于 1min。检查抓取到 SV 报文的频率。

(4) SV 报文发送间隔离散度检查方法。抓取 SV 报文并进行分析，试验时间大于 1min。检查抓取到 SV 报文的发送间隔离散度。

(5) SV 报文品质位检查方法。在无一次电流或电压时，SV 报文数据应为白噪声序列，且互感器自诊断状态位无置位；在施加一次电流或电压时，互感器输出应为无畸变波形，且互感器自诊断状态位无置位。断开互感器本体与合并单元的光纤，SV 报文品质位（错误标）应正确置位。当异常消失时，SV 报文品质位（错误标）应无置位。

6.3.1.7　MU 对时误差测试

1. 检验内容及要求

(1) 对具备多种同步方式的合并单元，测试其对时误差。对时误差的最大值应不大于 1μs。

(2) 在外部同步信号消失后，MU 至少能在 10min 内继续满足 4μs 同步精度要求。

2. 检验方法

有以下两种检验方法，如条件满足，优先采用检验方法一：

检验方法一：

1) 时钟源输出 PPS 信号（模拟 GPS）给 MU 和电子式互感器校验仪，电子式互感器校验仪输出一测试信号（模拟互感器本体输出）给 MU，MU 对测试信号进行采集并输出给电子式互感器校验仪，如图 6－37 所示。

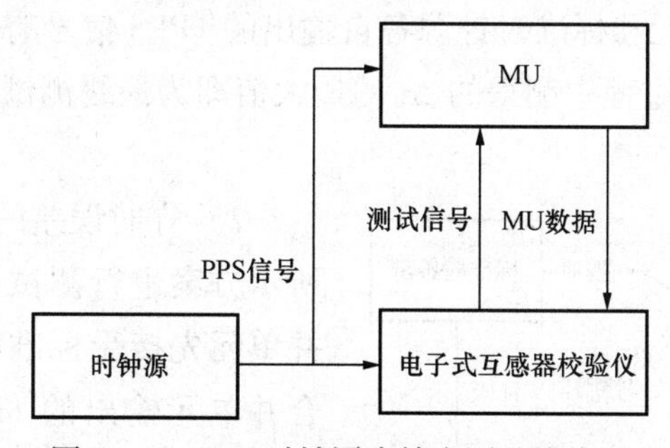

图 6－37　MU 时钟同步精度测试接线图

2）测试信号按照 PPS 到来的时刻为零，线性增加到 1，直到下一个 PPS 到来时清零，然后通过接收 MU 数据，查看样本计数器为 0 的采样数据的值是多少，即可计算出合并单元的同步误差（线性关系），如图 6－38 所示。

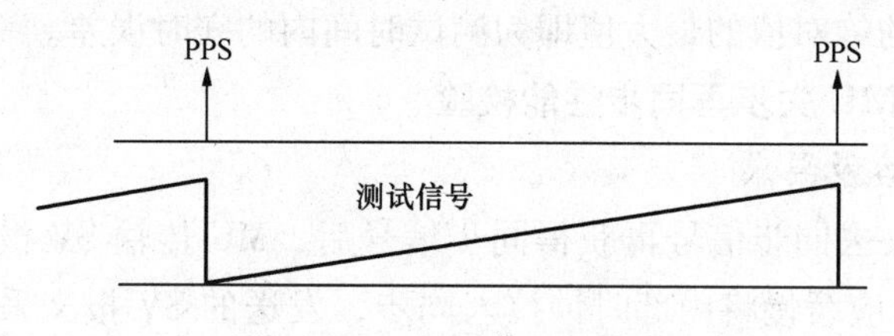

图 6－38　测试信号示意图

3）将 MU 时钟 PPS 信号断开，经 30min 守时时间后，由电子式互感器校验仪按照上面方式计算合并单元的同步误差，即为守时误差，如图 6－39 所示。

检验方法二：

1）对时和守时误差通过合并单元输出的 1PPS 信号与参考时钟源 1PPS 信号比较获得。对时误差的测试采用图 6－40 所示方案进行测试。标准时钟源

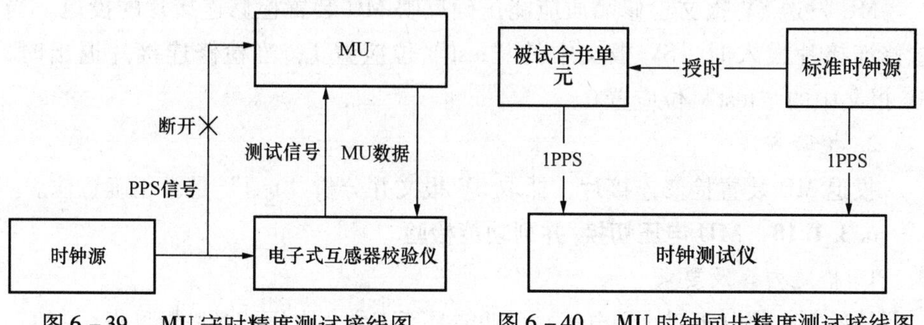

图 6－39　MU 守时精度测试接线图　　图 6－40　MU 时钟同步精度测试接线图

给合并单元授时，待合并单元对时稳定后，利用时间测试仪以每秒测量 1 次的频率测量合并单元和标准时钟源各自输出的 1PPS 信号有效沿之间的时间差的绝对值 Δt，测试过程中测得的 Δt 的最大值即为最终测试结果。试验时间应持续 10min 以上。

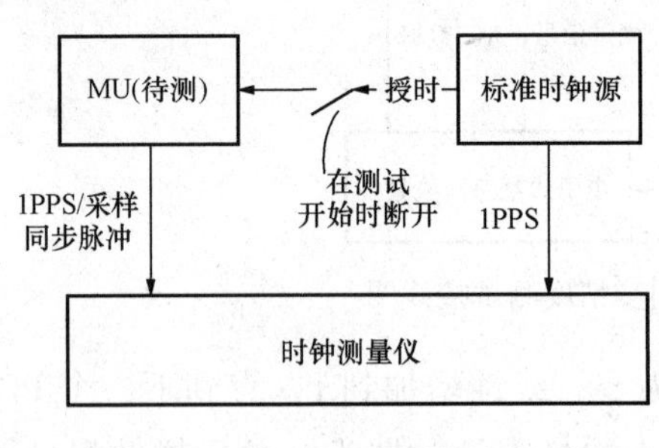

图 6-41　MU 守时精度测试接线图

2）守时误差的测试采用图 6-41 所示方案进行测试。测试开始时，合并单元先接受标准时钟源的授时，待合并单元输出的 1PPS 信号与标准时钟源的 1PPS 的有效沿时间差稳定在同步误差阀值 Δt 之后，撤销标准时钟源的授时。测试过程中合并单元输出的 1PPS 信号与标准时钟源的 1PPS 的有效沿时间差的绝对值的最大值即为测试时间内的守时误差。

6.3.1.8　MU 失步再同步性能检验

1. 检验内容及要求

检查 MU 失去同步信号再获得同步信号后，MU 传输 SV 报文的误差。在该过程中，MU 应缓慢将内部时钟拉入同步，发送的 SV 报文采样序列号应连续，SV 报文的间隔抖动应小于 $20\,000/N \pm 20\mu s$（N 为每周期采样点数）。

2. 检验方法

将 MU 的外部对时信号断开，过 1min 再将外部对时信号接上，进行 SV 报文的记录和分析。

6.3.1.9　MU 检修状态测试

1. 检验内容及要求

MU 发送 SV 报文检修品质应能正确反映 MU 装置检修连接片的投退。当检修连接片投入时，SV 报文中的“test”位应置 1；当检修连接片退出时，SV 报文中的“test”位应置 0。

2. 检验方法

投退 MU 装置检修连接片，抓取 SV 报文并分析“test”是否正确置位。

6.3.1.10　MU 电压切换/并列功能检验

1. 检验内容及要求

检验 MU 的电压切换和电压并列功能是否正常。电压切换逻辑见表 6-20。

表 6-20　　MU 电压切换逻辑

强制切换把手位置	Ⅰ母隔离开关位置	Ⅱ母隔离开关位置	GOOSE 接收状态	切换电压	报警状态
强制Ⅰ母电压	×	×	正常	Ⅰ母电压	无
强制Ⅱ母电压	×	×	正常	Ⅱ母电压	无
自动切换	合入	断开	正常	Ⅰ母电压	无
自动切换	断开	合入	正常	Ⅱ母电压	无
自动切换	合入	合入	正常	Ⅰ母或Ⅱ母电压	TV 并列报警
自动切换	断开	断开	正常	无	TV 断线报警
自动切换	×	×	断开	保持前一电压	GOOSE 断链报警

注　×表示任意信号。

2. 检验方法

（1）自动电压切换检查方法：将切换把手打到自动状态，给 MU 加上两组母线电压，通过 GOOSE 网给 MU 发送不同的隔离开关位置信号，检查切换功能是否正确。

（2）手动电压切换检查方法：将切换把手打到强制Ⅰ母电压或强制Ⅱ母电压状态，分别在有 GOOSE 隔离开关位置信号和无 GOOSE 隔离开关位置信号的情况下检查切换功能是否正确。

（3）给电压间隔合并单元接入一组母线电压，同时将电压并列把手拨到Ⅰ母、Ⅱ母并列状态，观察液晶面板是否同时显示两组母线电压，并且幅值、相位和频率均一致。其他并列方式检验与此类似。

6.3.2　智能操作箱测试

6.3.2.1　智能终端动作时间测试

1. 检验内容及要求

检查智能终端响应 GOOSE 命令的动作时间。测试仪发送一组 GOOSE 跳、合闸命令，智能终端应在 7ms 内可靠动作。

2. 检验方法

采用图 6-42 所示方法进行测试，由测试仪分别发送一组 GOOSE 跳、合闸命令，并接收跳、合闸的节点信息，记录报文发送与硬触点输入时间差。

6.3.2.2 传送位置信号测试

1. 检验内容及要求

智能终端应能通过 GOOSE 报文准确传送开关位置信息，GOOSE 报文发送时间小于 15ms。

2. 检验方法

采用图 6－43 所示方法进行测试，通过数字继电保护测试仪分别输出相应的电缆分、合信号给智能终端，再接收智能终端发出的 GOOSE 命令，解析相应的虚端子位置信号，观察是否与实端子信号一致，同时记录下 GOOSE 报文发送的时间。

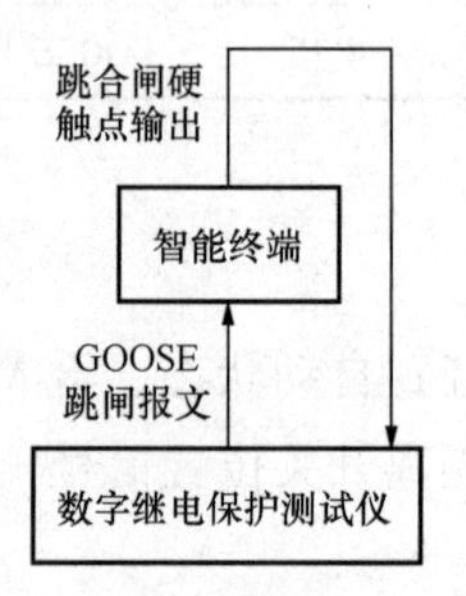

图 6－42 智能终端动作时间测试接线图

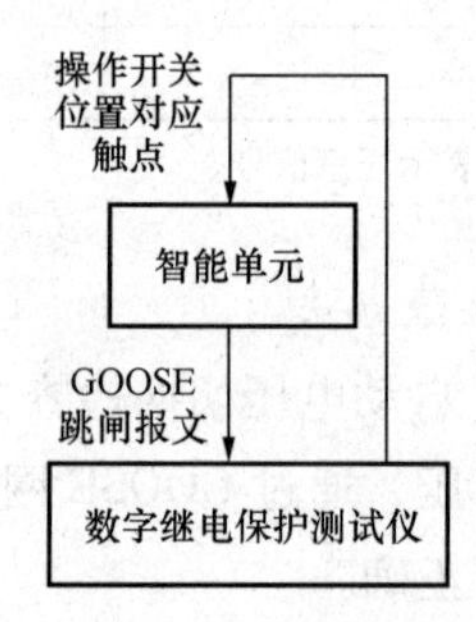

图 6－43 智能终端传送位置信号测试接线图

6.3.2.3 SOE 精度测试

1. 检验内容及要求

智能终端的 SOE 精度应小于 2ms。

2. 检验方法

使用时钟源给智能终端对时，同时将 GPS 输出的分脉冲或秒脉冲接到智能终端的开入，通过 GOOSE 报文观察智能终端发送的 SOE。

6.3.2.4 智能终端检修测试

1. 检验内容及要求

智能终端检修置位时，发送的 GOOSE 报文“TEST”应为 1，应响应“TEST”为 1 的 GOOSE 跳、合闸报文，不响应“TEST”为 0 的 GOOSE 跳、合闸报文。

2. 检验方法

投智能终端“检修连接片”，查看智能终端发送的 GOOSE 报文，同时由测试仪分别发送“TEST”为1和“TEST”为0的GOOSE跳、合闸报文。

6.3.2.5 通信功能检验

1. 检查内容及要求

（1）过程层通信异常测试：当SV或GOOSE通信时断时续时，保护装置应不误动；当通信异常消失后，保护装置应恢复正常。当接收到错误报文时，设备应不误动；当错误报文消失后，设备应恢复正常。

（2）站控层网络测试：设备在各种通信情况下应不死机。

（3）抗网络风暴测试：当通道吞吐量满负载时，设备应不死机；当通道正常后，设备应能恢复正常。

2. 检查方法

（1）通信中断测试方法：拔出对应的通信光纤或网线。

（2）通信恢复测试方法：插入对应的通信光纤或网线。

（3）通信异常测试方法：① 插拔光纤造成通信时断时续；② 通过数字继电保护测试仪给保护装置发送CRC校验错误报文。

（4）站控层网络测试方法：通过实际主机或模拟主机对设备的站控层网络实现各种服务，模拟各种肯定和否定测试，观察设备的反应。

（5）抗网络风暴测试方法：通过报文发生器给设备的通信端口发带内报文，吞吐量设置为100%。

智能变电站功能系统测试

7.1 保护系统联调

保护系统联调主要包括保护整组联动测试，保护装置与后台 MMS 通信功能测试，保护装置与合并单元 SV 通信链路测试，保护装置与智能终端及其他保护装置 GOOSE 链路测试，检修对保护 MMS 通信的影响，SV、GOOSE 检修对保护动作逻辑的影响。

7.1.1 保护装置与后台 MMS 通信功能测试

测试项目、要求及指标见表 7－1。

表 7－1 检测保护装置与后台 MMS 通信功能

测 试 项 目	要求及指标	测试结果	备注
事件报告	后台正确显示信号名和时间	正确	
装置参数	后台正确召唤装置参数	正确	
保护定值	后台正确召唤、修改、下装保护定值	正确	
保护动作报告	后台正确显示保护动作及相别等信息	正确	
保护录波和动作报告	后台正确召唤和显示录波文件和动作报告文件	正确	
软连接片遥控及状态显示	后台正确遥控和显示软连接片	正确	
信号复归遥控	后台正确远方复归	正确	

7.1.2 保护装置与合并单元 SV 通信链路测试

1. 测试内容

主要检测保护装置与 MU 之间各个 SV 控制块的断链信息是否正确。保护装置与 MU 的 SV 通信中断后，保护装置液晶面板应提示“SV 通信中断”报警且告警灯亮，同时后台应接收到“SV 通信中断”告警信号；当保护装置与

MU 的 SV 通信恢复后，保护装置液晶面板的“SV 通信中断”报警消失，同时后台的“SV 通信中断”告警信号消失。

2. 测试方法

见表 7－2。

表 7－2　保护装置与合并单元 SV 通信链路测试方法

测 试 项 目	实际链路名称	LCD 显示（链路名称是否修改正确）	测试结果
检查 SMVCB1 链路 A 的断链及恢复			
检查 SMVCB1 链路 B 的断链及恢复			
检查 SMVCB2 链路 A 的断链及恢复			
检查 SMVCB2 链路 B 的断链及恢复			

7.1.3　保护装置与智能终端及其他保护装置 GOOSE 链路测试

1. 测试内容

主要检测保护装置与智能终端及其他保护装置各个 GOOSE 控制块的断链信息是否正确。GOOSE 通信中断后，保护装置液晶面板应提示“GOOSE 通信中断”报警且告警灯亮，同时后台应接收到“GOOSE 通信中断”告警信号；当 GOOSE 通信恢复后，保护装置液晶面板的“GOOSE 通信中断”报警消失，同时后台的“GOOSE 通信中断”告警信号消失。

2. 测试方法

见表 7－3。

表 7－3　保护装置与智能终端及其他保护装置 GOOSE 链路测试方法

测 试 项 目	实际链路名称	LCD 显示（链路名称是否修改正确）	测试结果
GOCB1 链路 A 的断链及恢复			
GOCB1 链路 B 的断链及恢复			
GOCB2 链路 A 的断链及恢复			
GOCB2 链路 B 的断链及恢复			

7.1.4　检修对保护 MMS 通信的影响

测试项目、要求及指标见表 7－4。

表 7-4 检修对保护 MMS 通信的影响

测试项目	要求及指标	测试结果	备注
投入检修连接片，产生事件报告	后台正确显示信号名和时间（带检修）	正确	
投入检修连接片，软连接片遥控	不能遥控	正确	

7.1.5 SV 检修对保护动作逻辑的影响

测试项目见表 7-5。

表 7-5 检测 SV 检修逻辑

测试项目	LCD 显示	保护动作情况
间隔合并单元不检修，保护本地检修		
间隔合并单元检修，保护本地不检修		
电压合并单元不检修，保护本地检修		
电压合并单元检修，保护本地不检修		
电压、间隔合并单元都检修，保护本地检修		
电压、间隔合并单元都不检修，保护本地不检修		

7.1.6 GOOSE 检修及断链对保护动作逻辑的影响

GOOSE 跳闸检修逻辑、开入检修逻辑、开入断链逻辑的测试项目分别见表 7-6～表 7-8。

表 7-6 检测 GOOSE 跳闸检修逻辑

测试项目	传动情况
保护本地不检修，智能终端不检修，保护动作	
保护本地检修，智能终端检修，保护动作	
保护本地不检修，智能终端检修，保护动作	
保护本地检修，智能终端不检修，保护动作	

表 7-7 检测 GOOSE 开入检修逻辑

测试项目	处理情况
保护本地不检修，智能终端不检修，断路器位置发生变化	

续表

测 试 项 目	处 理 情 况
保护本地检修，智能终端检修，断路器位置发生变化	
保护本地不检修，智能终端检修，断路器位置发生变化	
保护本地检修，智能终端不检修，断路器位置发生变化	
保护本地不检修，智能终端不检修，闭锁重合开入发生变化	
保护本地检修，智能终端检修，闭锁重合开入发生变化	
保护本地不检修，智能终端检修，闭锁重合开入发生变化	
保护本地检修，智能终端不检修，闭锁重合开入发生变化	
保护本地不检修，智能终端不检修，远跳开入发生变化	
保护本地检修，智能终端检修，远跳开入发生变化	
保护本地不检修，智能终端检修，远跳开入发生变化	
保护本地检修，智能终端不检修，远跳开入发生变化	

表 7-8　　检测 GOOSE 开入断链逻辑

测 试 项 目	处 理 情 况
断路器位置为合位，此时 GOOSE 断链	
断路器位置为合位，此时 GOOSE 断链	
闭锁重合闸开入为 1，此时 GOOSE 断链	
远跳开入为 1，此时 GOOSE 断链	

7.1.7　保护整组联动测试

保护系统的联调测试主要验证从保护装置出口至智能终端，最后直至断路器回路整个跳、合闸回路的正确性，闭锁重合闸、保护装置之间的启动失灵等回路的正确性。其中，保护装置至智能终端的跳、合闸回路和闭锁重合闸回路、装置之间的启动失灵是通过网络传输的软回路，而智能终端至断路器本体的跳合、闸回路是硬接线回路，与传统回路基本相同。在保护装置接口数字化后已不再包含出口硬连接片了，但出口受到保护装置软连接片控制，而传统的硬连接片出口也没有取消，而是放到了智能终端的出口上，因此保护整组联调测试在验证整个回路的同时需对回路中的智能终端出口硬连接片、保护出口软连接片的作用分别进行验证。

保护整组联动测试回路如图 7－1 所示。

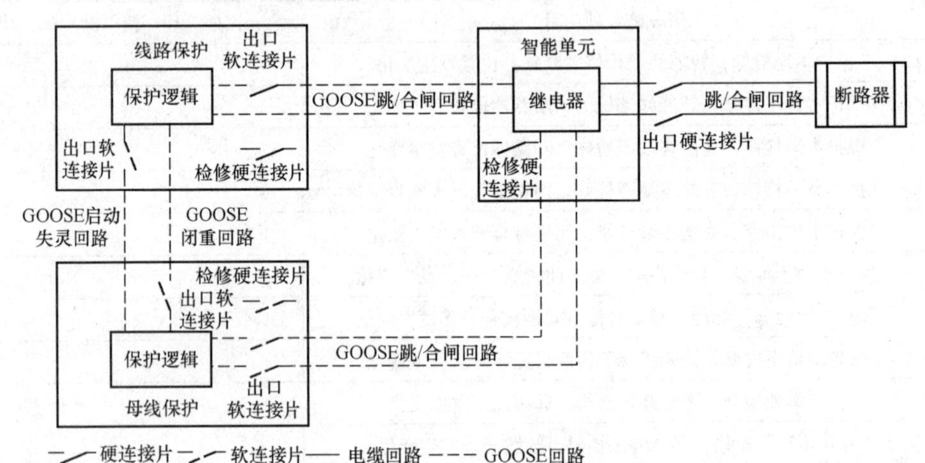

图 7－1　保护整组联动测试回路

在智能变电站中，二次设备之间通过 GOOSE 信号相互联系，而 GOOSE 信号是通过总线形式传输的，不能像硬电缆那样可靠隔离。因此，考虑到检修、扩建等问题，智能化二次设备都新增了一个硬连接片即检修连接片，通过检修连接片控制装置的运行状态，同时在国家电网公司标准 Q/GDW 396—2009《IEC 61850 工程继电保护应用模型》中规范了如下的 GOOSE 检修机制：

（1）当装置检修连接片投入时，装置发送的 GOOSE 报文中的 test 应置位。

（2）对于测控装置，当本装置检修连接片或者接收到的 GOOSE 报文中的 test 位任意一个为 1 时，上传 MMS 报文中的相关信息的品质 q 的 test 位应置 1。

（3）GOOSE 接收端装置应将接收的 GOOSE 报文中的 test 位与装置自身的检修连接片状态进行比较，只有两者一致时才将信号作为有效进行处理或者动作。

由上述检修机制可以看出，保护装置与智能终端之间的跳合闸软回路以及装置之间的启动失灵、闭锁重合闸软回路是受到装置检修连接片影响的。因此，保护整组联动测试同时需要分别验证每个装置的检修连接片。保护整组联动测试还需在 80% 直流电源情况下验证保护动作、开关跳闸的可靠性。

7.2　测控系统联调

保护系统联调主要包括保护整组联动测试，保护装置与后台 MMS 通信功能测试，保护装置与合并单元 SV 通信链路测试，保护装置与智能终端及其他保护装置 GOOSE 链路测试，检修对保护 MMS 通信的影响，SV、GOOSE 检修对保护动作逻辑的影响。

7.2.1 遥测

1. 测试内容

电压（量程 100V）、电流（量程 5A 或 1A）：0.2%；

有功、无功：0.5%；

频率（50Hz）：0.01Hz；

直流（0～5V 或 4～20mA）：0.2%；

频率只测 100% 量程；

远方响应时间：<2s。

2. 测试方法

使用标准测试仪作为标准源经合并单元发送至 SMV 网，输出数字量至测控装置。

7.2.2 控制联闭锁功能测试

1. 测试内容

控制联闭锁功能测试是涉及遥控有效性和安全性的重要测试内容，其内容包括遥控基本功能、“五防”逻辑闭锁测试、顺序控制操作。

（1）遥控基本功能。遥控操作有效性、遥控选择执行和撤销的正确性、遥控超时处理、遥控超时再遥控选择执行、遥控操作时间、两后台禁止同遥、操作唯一性、电压值超限值时线路接地开关闭锁、检修闭锁、复归功能、出错报警和拒绝执行原因、操作记录、不合理操作自动撤销、闭锁标识区分。

（2）“五防”逻辑闭锁测试。分别在满足“五防”闭锁条件下和违反“五防”闭锁条件下进行相关操作，判断断路器、隔离开关、接地开关、母线接地开关等相关逻辑闭锁关系。防误闭锁功能有监控后台防误闭锁和间隔防误闭锁。

（3）顺序控制操作。选择一个顺序控制逻辑进行测试，并跟踪间隔层装置遥控出口记录。

2. 测试方法

在试验时需将断路器与遥信关联，确保断路器触点动作时有遥信信号上送。具体测试步骤和要求见表7－9。

表7－9　控制联闭锁功能测试

序号	方法	要求	测试结果	备注
1	选择某一断路器进行遥控操作，测量从开始操作到状态变位显示所需时间	遥控成功，时间满足技术指标		
2	将某一断路器合上，检查相关隔离开关与接地开关闭锁功能	相关隔离开关分闸操作被闭锁，相关接地开关合操作被闭锁		
3	将隔离开关合上，检查相关接地开关闭锁功能	相关接地开关合操作被闭锁		
4	将接地开关合上，检查相关隔离开关闭锁功能	相关隔离开关合操作被闭锁		
5	合上母线接地开关，检查相关母线隔离开关闭锁功能	相关母线隔离开关合操作被闭锁		
6	模拟输入线路电压，检查相关的线路接地开关闭锁功能	当线路电压值超过限值时，线路接地开关合操作被闭锁		
7	将隔离开关挂检修牌，检查隔离开关闭锁功能	挂牌时，相关隔离开关的操作被闭锁		
8	在操作员工作站上复归某一间隔层设备	相应设备被复归		
9	出错报警和拒绝执行原因	所有操作具备出错报警和判断信息输出功能		
10	检查操作记录	以上操作应有详细操作记录		
11	顺序控制操作	按规定程序进行多个设备操作		
12	不合理操作自动撤销	选定后规定时间内未作后续操作；按了清除键，选点后的后续操作无意义		
13	操作唯一性	在一个控制点上进行某设备操作，其他控制点对该设备的操作应禁止		
14	处于闭锁状态的遥控点与其他遥控点以不同颜色区分	实现功能		

在进行间隔防误闭锁测试时，依据逻辑检查装置“联锁状态”中的开放状态及测控给智能终端的联锁状态 GOOSE，见表 7－10。

表 7－10 间隔防误闭锁测试

序号	控制对象	联锁逻辑验证	至智能终端联锁 GOOSE 验证	测试结果
1	断路器			合格
2	1 刀			合格
3	2 刀			合格
4	1 地刀			合格

7.2.3 控制权切换功能测试

进行遥控控制权限的切换，检查切换功能。包括分别对间隔层测控单元上的选择开关、站控层监控后台系统和模拟调度层的就地、远方命令进行操作，判断遥控操作权限的切换正确性。具体测试步骤和要求见表 7－11。

表 7－11 控制权切换功能测试

<table>
<tr><th rowspan="3">序号</th><th colspan="6">选择切换开关位置</th><th colspan="4" rowspan="2">操作控制</th><th rowspan="3">验收结果</th><th rowspan="3">备注</th></tr>
<tr><th colspan="2">设备层</th><th colspan="2">间隔层</th><th colspan="2">站控层</th></tr>
<tr><th>就地</th><th>远方</th><th>就地</th><th>远方</th><th>就地</th><th>远方</th><th>设备层</th><th>间隔层</th><th>站控层</th><th>调度层</th></tr>
<tr><td>1</td><td>#</td><td></td><td colspan="2">N/A</td><td colspan="2" rowspan="2">N/A</td><td>√</td><td>×</td><td>×</td><td>×</td><td></td><td></td></tr>
<tr><td>2</td><td></td><td>#</td><td>#</td><td></td><td>×</td><td>√</td><td>×</td><td>×</td><td></td><td></td></tr>
<tr><td>3</td><td></td><td>#</td><td></td><td>#</td><td>#</td><td></td><td>×</td><td>×</td><td>√</td><td>×</td><td></td><td></td></tr>
<tr><td>4</td><td></td><td>#</td><td></td><td>#</td><td></td><td>#</td><td>×</td><td>×</td><td>×</td><td>√</td><td></td><td></td></tr>
<tr><td rowspan="3">符号说明</td><td colspan="12">N/A——任何位置</td></tr>
<tr><td colspan="12">√——控制有效；×控制无效</td></tr>
<tr><td colspan="12">#——选择开关位置</td></tr>
</table>

注 1. 设备层选择开关指断路器、隔离开关电气回路和主变压器就地控制柜上的选择开关。

2. 间隔层选择开关指测控单元上的选择开关。

3. 当设备层或间隔层的选择开关在“就地”位置，站控层或调度层的不可控只对该设备或该回路而言。

7.2.4 电压无功控制功能测试

电压无功控制功能测试内容包括操作方式选择开关检查、控制权切换、模拟断路器（隔离开关）变位、分接头调节时间间隔设置、无功设备等概率选择控制、自动调节方式检查、主变压器闭锁条件检查、电容器闭锁条件检查、操作报告记录检查、日动作信息显示、闭锁信号上送、电压变化异常闭锁功能、压差闭锁功能、滑挡闭锁功能、主变压器联调功能、具备闭锁逻辑画面、VQC 定值修改、用户图形界面设定功能等。

测试方法是通过事先给出某种主接线方式和一些基本数据，再对 U、P、Q、无功功率因数等进行手动置数方式输入数据，观察程序的执行与实现预测的是否一致。具体测试步骤和要求见表 7 - 12。

表 7 - 12 电压无功控制功能测试

序号	测试项目	要　求	测试结果	备注
1	操作方式选择开关检查	可选择“自动”“手动”操作模式		
2	控制切换	远方控制可实现遥控/就地自动控制切换		
3	模拟断路器、隔离开关变位	自动判断运行模式		
4	分接头调节时间间隔设置	实现功能		
5	无功设备等概率选择控制	自动根据电容器、电抗器投入次数进行选择		
6	自动调节方式检查	具备闭环调节、半闭环调节、和开环调节方式		
7	将某一主变压器的闭锁条件置位，检查主变压器调节是否被 VQC 闭锁	系统报主变压器闭锁及复归性质（手动或自动复归）		
8	将某一电容器的闭锁条件置位，检查该电容器调节是否被 VQC 闭锁	系统报电容器闭锁及复归性质（手动或自动复归）		
9	操作报告记录检查	调节的正常或异常操作均有操作报告		
10	在界面上点击“日动作信息显示”	界面事件框内显示电容器、电抗器、分接头等动作信息		

续表

序号	测试项目	要　求	测试结果	备注
11	闭锁信号上送调度端，并能远方复归	实现功能		
12	调挡时，电压变化异常时闭锁功能	具备联调3挡，电压无变化时，闭锁相应分接头调节，并可由用户定义电压定值和是否投入该功能；调挡后，电压反向变化时，闭锁相应分接头调节		
13	压差闭锁功能	主变压器带多段母线时，压差可由用户定义，并可由用户设定是否投入该功能		
14	滑挡闭锁功能	调挡滑挡时，发急停命令，并闭锁相应分接头调节		
15	主变压器联调功能	主变压器容量相同时，可进行联调，并可由用户设定是否投入该功能		
16	具备闭锁逻辑画面	可进行闭锁逻辑查看		
17	VQC定值修改	可由用户通过图形界面进行		
18	判断主接线运行模式的遥信量点号可由用户通过图形界面设定	用户可自己对应相关量在数据库中的点号		

7.2.5 测控部分MMS通信功能测试

测试项目、要求及指标见表7-13。

表7-13　检测测控部分的MMS通信功能

测试项目	要求及指标	测试结果	备注
变位报告	后台正确显示信号名和时间	正确	
遥测报告	后台正确显示遥测	正确	
遥测死区定值验证	满足现场要求	正确	
测控定值	后台正确召唤、修改、下装保护定值	正确	
遥控	后台正确遥控和显示软连接片	正确	

7.2.6 检修对测控 MMS 通信的影响

测试项目、要求及指标见表 7－14。

表 7－14　检修对测控 MMS 通信的影响

测试项目	要求及指标	测试结果	备注
投入检修连接片，产生变位报告	后台正确显示信号名和时间（带检修）	正确	
投入检修连接片，远方遥控	不能遥控	正确	
投入检修连接片，本地遥控	可以遥控	正确	

7.2.7 SV 检修对测控功能影响的测试

测试项目、要求及指标见表 7－15。

表 7－15　SV 检修对测控功能影响的测试

测　试　项　目	要求及指标	测试结果	备注
合并单元电流通道置检修，后台遥控			
合并单元电压通道置检修，后台遥控			
合并单元同期电压通道置检修，后台遥控			

测控系统联调主要包括以下内容：

1）开入量测试；

2）采样值测试；

3）同期功能测试，包括检同期、检无压和强制合闸功能；

4）断路器、隔离开关、接地开关分合控制；

5）智能终端信号复归；

6）分接头调节控制；

7）闭锁逻辑测试，包括测控装置和后台系统的闭锁逻辑测试；

8）状态量变位传输到站控层测试；

9）遥测量超越传输到站控层测试；

10）遥控命令执行测试；

11）遥控命令选择测试；

12）遥调命令执行测试。

7.3 计量系统联调

计量系统联调如图 7－2 所示，利用数字化电度表校验仪的特性在一次上通流通压，或者采用模拟电子式互感器输出的采集器信号来给被试计量系统加电流和电压，来进行计量系统的联调。

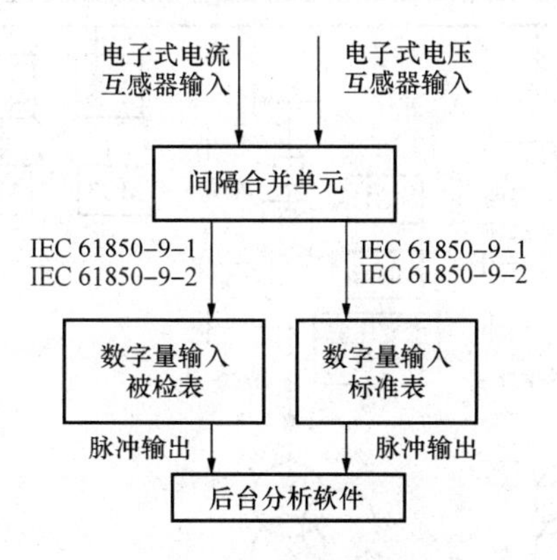

图 7－2 计量系统联调图

采样值系统的构成如图 7－3 所示。

7.4 同步对时系统联调

时间同步系统通常由主时钟、若干从时钟、时间信号传输介质组成，可以按基本式、主从方式和主备式方式运行，需要进行整组试验。考虑到时钟装置的互换性要求，还需要进行兼容性测试。

整组试验时，将被测主时钟和从时钟按基本式、主从方式和主备式方式构建系统。

兼容性测试需配置一套有多种接口方式的标准时间同步系统，被测主时钟和从时钟分别替换标准时间同步系统中的主时钟和从时钟，重新启动系统运行，测量系统以基本式、主从式和主备式方式运行时，被测时钟装置对系统输出的影响。

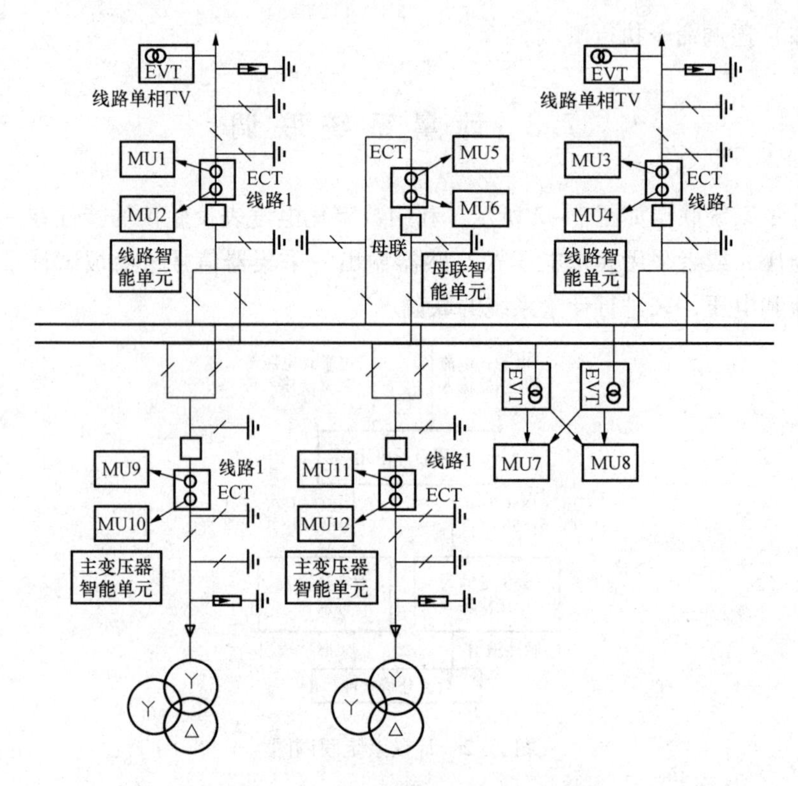

图 7－3　采样值系统构成示意图

7.4.1　基本式时间同步系统整组试验

基本式时间同步系统由一台主时钟和信号传输介质组成，用以为被授时设备或系统对时，如图 7－4 所示。

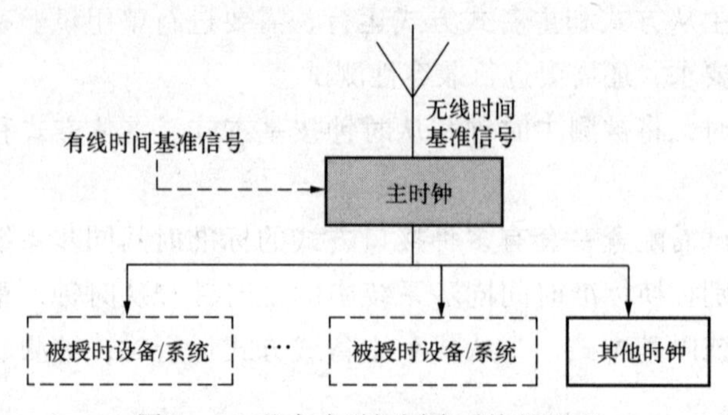

图 7－4　基本式时间同步系统的组成

7.4.2 主从式时间同步系统整组试验

主从式时间同步系统由一台主时钟、多台从时钟和信号传输介质组成，用以为被授时设备或系统对时，如图 7－5 所示。根据实际需要和技术要求，主时钟可设置用于接收上一级时间同步系统下发的有线时间基准信号的接口。

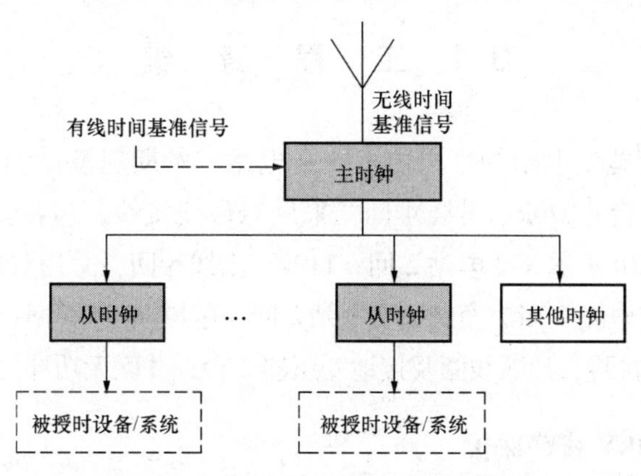

图 7－5 主从式时间同步系统的组成

7.4.3 主备式时间同步系统整组试验

主备式时间同步系统由两台主时钟、多台从时钟和信号传输介质组成，为被授时设备或系统对时，如图 7－6 所示。根据实际需要和技术要求，主时钟可设置用于接收上一级时间同步系统下发的有线时间基准信号的接口。

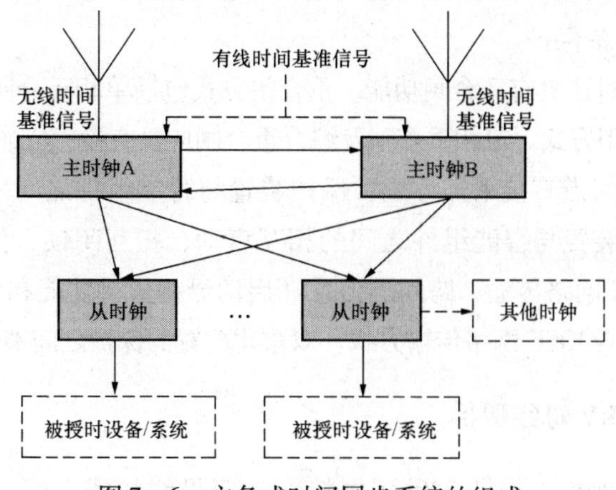

图 7－6 主备式时间同步系统的组成

8 智能变电站工程测试实例

8.1 工 程 背 景

某220kV智能变电站为半户内GIS变电站，本期规模：180MVA三绕组有载调压变压器2台；220kV出线4回，采用双母线接线，包括至500kV思×变电站2回、至220kV翠×变电站2回；110kV出线6回，采用双母线接线，包括至110kV杨×变电站2回、至花×变电站2回、至悦×1站2回；10kV出线8回，采用单母线分段接线；消弧线圈及接地变压器2台；并联无功补偿电容器6组。

8.1.1 220kV线路保护

1套为分相电流差动保护装置。该保护装置包括以分相电流差动和零序电流差动为主体的快速主保护，由工频变化量距离组件构成的快速Ⅰ段保护以及由三段式相间和接地距离及两个延时段零序方向过流构成的全套后备保护。保护柜上还装设有三相不一致保护及断路器失灵启动装置。

另1套为光纤距离保护装置。该保护装置包括能全线切除各种故障的纵联距离和零序方向组件，以及三段式相间和接地距离及两个延时段零序方向过流构成全套后备保护。

以上保护同时还具有重合闸功能。重合闸方式包括单相重合闸、三相重合闸、综合重合闸及停用方式。三相重合闸及综合重合闸应具有检无压或检同期功能。

保护采用点对点直接采样方式，保护装置与智能组件之间采用点对点直接跳闸方式。保护装置与智能组件之间的相互启动、相互闭锁、位置状态等交换信息通过GOOSE网络传输；跨间隔信息（启动母差失灵功能和母差保护动作远跳功能等）采用GOOSE网络传输方式。双重化配置的保护之间不直接交换信息。

8.1.2 220kV母线保护

220kV母线保护：本期220kV主接线为双母线接线，配置2套独立、快速、灵敏的微机型母线差动保护，母线差动保护设复合电压闭锁回路。配置双套失灵保护，失灵保护功能包含在每套母线保护中，每套线路（或主变压器）保护动作各启动1套失灵保护。每套保护只作用于断路器的一组跳闸线圈。2套母线保护各组1面柜。

母线保护特性应满足内部故障快速动作，外部故障TA严重饱和不会误动作。各电压等级母线保护均按远景配置。

母线保护采用直接采样方式，母线保护跳闸采用直接跳闸方式，母线保护所需开入量（失灵启动、隔离开关位置触点、母联断路器过流保护启动失灵、主变压器保护动作解除电压闭锁等）采用GOOSE网络传输。

8.1.3 220kV母联保护

220kV母联按双重化配置2套完整、独立的，具有自投自退功能的母线充电保护装置。要求充电保护应具有两段相过流和一段零序过流。

母联保护采用直接采样方式；母联保护跳母联断路器采用点对点直接跳闸方式；保护装置与智能组件之间的相互启动、相互闭锁、位置状态等交换信息通过GOOSE网络传输；双重化配置的保护不直接交换信息；跨间隔信息（启动母差失灵功能和母差保护动作远跳功能等）采用GOOSE网络传输方式。

8.1.4 主变压器保护配置

1. 电气量保护配置

（1）主变压器装设有纵联差动保护作为主变压器内部故障的主保护。

（2）220kV侧及110kV侧装设有复合电压闭锁的方向过流保护和复合电压闭锁的过流保护，用于保护由于外部相间短路引起的变压器过流和作为变压器内部故障的后备。

（3）220kV侧装设有断路器非全相保护和断路器失灵保护。110kV侧装设有限时速断过流保护。

（4）10kV侧设有复合电压闭锁的两相速断、过流保护。

（5）为保护外部接地短路引起的变压器过流和作为变压器内部接地故障的后备，变压器高中压侧设零序方向过流保护、间隙零序电流、电压保护。

（6）主变压器设有过负荷信号装置。

（7）变压器保护直接采样，直接跳各侧断路器；变压器保护跳母联、分段断路器及闭锁备自投、启动失灵等采用 GOOSE 网络传输。变压器保护通过 GOOSE 网络接收失灵保护跳闸命令，并实现失灵跳变压器各侧断路器。

2. 非电量保护配置

非电量保护包括重瓦斯保护及轻瓦斯、压力释放、油位、温度等信号装置。非电量保护采用就地直接电缆跳闸，信息通过本体智能终端上送过程层 GOOSE 网。

8.1.5 110kV 线路保护

配置光纤差动保护装置一套，以分相电流差动为主保护，以三段相间和接地距离保护、四段零序方向电流保护为后备保护，含三相一次重合闸（重合闸可实现三重、禁止和停用方式）。

8.1.6 110kV 母线保护

本期 110kV 主接线为双母线接线，配置 1 套独立、快速、灵敏的微机型母线差动保护，母线差动保护设复合电压闭锁回路。1 套母线保护组 1 面柜。

母线保护特性应满足内部故障快速动作，外部故障 TA 严重饱和不会误动作。各电压等级母线保护均按远景配置。

母线保护采用直接采样方式，母线保护跳闸采用直接跳闸方式，母线保护所需开入量（失灵启动、隔离开关位置触点、母联断路器过流保护启动失灵、主变压器保护动作解除电压闭锁等）采用 GOOSE 网络传输。

8.1.7 110kV 母联保护

110kV 母联按断路器配置 1 套完整、独立、具有自投自退功能的母联充电保护测控一体化装置。要求充电保护应具有两段相过流和一段零序过流元件。

母联保护采用直接采样方式；母联保护跳母联断路器采用点对点直接跳闸方式；保护装置与智能组件之间的相互启动、相互闭锁、位置状态等交换信息通过 GOOSE 网络传输；双重化配置的保护不直接交换信息；跨间隔信息（启动母差失灵功能和母差保护动作远跳功能等）采用 GOOSE 网络传输方式。

8.1.8 10kV 保护配置

10kV 保护采用微机型保护、测控、计量合一装置，装置与监控系统通信时应能满足 DL/T 860（IEC 61850）协议。

（1）10kV 线路保护配具备二段定时限过流保护、过负荷保护、三相一次重合闸及低频低压减载功能。

（2）10kV 电容器保护配二段定时限过流保护、过电压保护、低电压保护、相电压差动保护。

（3）10kV 接地变压器（兼站用变压器）保护配二段定时限过流保护、过电压保护、低电压保护、零序电流保护。

（4）10kV 分段配置备用电源自动投入装置，含分段保护功能。

8.1.9 故障录波器

该站故障录波采用网络方式接收 SV 报文和 GOOSE 报文，故障录波装置应按照 DL/T 860 标准建模，具备完善的自描述功能，以 MMS 机制与站控层设备通信，相关信息经 MMS 接口直接上送站控层设备。

故障录波功能应记录系统发生大扰动，如短路故障、系统振荡、电压崩溃等情况发生后的有关系统电参量的变化过程，如线路电流 I_a、I_b、I_c、I_0，母线电压 U_a、U_b、U_c、U_0，变压器三侧电流 I_a、I_b、I_c、I_0，电压 U_a、U_b、U_c、U_0，以及继电保护与安全自动装置的动作行为。

站内所有间隔的合并单元按电压等级经 SV 网接入相应的故障录波装置，双套配置录波器应相互独立。

（1）对于 220kV 及以上变电站，宜按电压等级和网络配置故障录波装置。当 SV 或 GOOSE 接入量较多时，单个网络可配置多台装置。每台故障录波装置不应跨接双重化的两个网络。

（2）主变压器宜单独配置主变压器故障录波装置。

（3）故障录波装置应能记录所有 MU、过程层 GOOSE 网络的信息。录波器对应 SV 网络、GOOSE 网络、MMS 网络的接口，应采用相互独立的数据接口控制器。

该工程共配置 6 台故障录波装置，其中 220kV 配置 2 台，主变压器配置 2 台，110kV 配置 2 台。组柜方案为：220kV 故障录波组 1 面柜，主变压器故障录波组 1 面柜，110kV 故障录波 1 面柜，共 3 面柜。

8.1.10 安全稳定控制装置配置

该站设置 1 套单独的低频低压减载装置，通过 220kV TV 合并单元采集高压侧电压，并接入10kV间隔层以太网，实现10kV出口跳闸。

8.2 规约测试报告

规约测试报告记录总表和测试项目一览表分别见表8－1、表8－2。

表8－1 规约测试报告记录总表

样品型号		项目名称	220kV悦×变电站规约测试报告
检验类别	委托检验	委托单位	××市电力公司
样品数量		样品编号	
样品接收日期	2011年11月4日	样品接收状况	软硬件齐全，外观完好无损，功能、性能待查
检验时间	2011年11月4日~2011年11月6日		
检验地点	××市电力科学研究院二次智能综合实验室		
检验依据	IEC 61850－6：2009　电力公用事业自动化用通信网络和系统　第6部分：变电站中与IEDs相关的通信用配置描述语言 DL/T860.72—2004/IEC 61850－7－2：2003　变电站通信网络和系统 第7－2部分：变电站和馈线设备的基本通信结构 抽象通信服务接口（ACSI） DL/T860.73—2004/IEC 61850－7－3：2003　变电站通信网络和系统　第7－3部分：变电站和馈线设备的基本通信结构　公用数据类 IEC 61850－7－4：2010 电力公用事业自动化用通信网络和系统　第7－4部分：基本通信结构　兼容逻辑节点类和数据目标类 IEC 61850－8－1：2004　变电站通信网络和系统　第8－1部分：特定通信服务映射（SCSM）映射到MMS（ISO/IEC 9506第1部分和第2部分）以及ISO/IEC 8802－3 IEC 61850－10：2005　变电站通信网络和系统　第10部分：一致性测试		

表8－2 规约测试项目一览表

序号	测试项目		描　述	结论	备注
1	全站配置文件测试	Check Validity（有效性测试）	是否符合IEC 61850－6标准	符合检验依据要求	各厂家测试内容详见报告
2		Check Internal（内部测试）	是否有不一致的配置	符合检验依据要求	
3		Check Reference（引用测试）	数据类型模板的引用是否与IEC 61850－7－4和IEC 61850－7－3一致	符合检验依据要求	

8.2.1 全站配置文件检测

IEC 61850 标准引入变电站配置语言 SCL 的概念，用 SCL 编写的配置文件有四种，其中 ICD 文件（IED 能力描述文件 IED Capability Description）与 IED 一一对应，描述 IED 装置的能力，使用模板定义逻辑节点、数据和服务；SCD 文件（变电站配置描述文件 Substation Configuration Description）描述了完整的变电站、IED 以及通信系统。

在系统级测试中，SCD 文件是工程配置和测试中最重要的文件。ICD 是集成 SCD 文件的基础，保证各装置 ICD 文件的一致性是进行各项互操作试验的基础。本测试主要针对 ICD 文件进行测试，测试内容见表 8 – 3。

表 8 – 3 ICD 文件测试内容

测试项目	测试项目描述
Check Validity（有效性测试）	检测配置文件是否符合 IEC 61850 – 6 部分标准要求，包括文件良构性及文件有效性的检测
Check Internal（内部测试）	检测文件是否有不一致的配置，如数据集中元素的个数是否小于等于 maxAttributes 配置的值等
Check Reference（引用测试）	检测配置文件中数据类型模板部分的引用是否与 IEC 61850 – 7 – 4 和 IEC 61850 – 7 – 3 标准一致，如强制的数据对象和属性是否存在等
Check Data Model（IED 模型比对测试）	检测 ICD、SCD 和 CID 文件与 IED 中模型是否一致如数据对象及其类型和数据集元素是否一致等

8.2.2 系统级测试的文件检查

测试前，装置厂家需要提供一些文档，用于测试人员在测试的过程中进行静态一致性的检查，选择参数及合适的测试用例集合。被测装置要进行配置以确保正确运行。

8.3 网络性能测试报告

网络性能测试报告记录总表和测试项目一览表分别见表 8 – 4、表 8 – 5。

表 8－4 网络性能测试报告记录总表

<table>
<tr><td>样品型号</td><td></td><td>项目名称</td><td>220kV 悦×变电站网络系统测试</td></tr>
<tr><td>检验类别</td><td>委托检验</td><td>委托单位</td><td>××市电力公司</td></tr>
<tr><td>样品数量</td><td></td><td>样品编号</td><td></td></tr>
<tr><td>样品接收日期</td><td>2011 年 11 月 4 日</td><td>样品接收状况</td><td>软硬件齐全，外观完好无损，功能、性能待查</td></tr>
<tr><td>检验时间</td><td colspan="3">2011 年 11 月 4 日 ~2011 年 11 月 6 日</td></tr>
<tr><td>检验地点</td><td colspan="3">××市电力科学研究院二次智能综合实验室</td></tr>
<tr><td>检验依据</td><td colspan="3">DL/T 860.81—2006/IEC 61850－8－1：2004 变电站通信网络和系统 第 8－1 部分：特定通信服务映射（SCSM）对 MMS（ISO 9506－1 和 ISO 9506－2）及 ISO/IEC 8802－3 的映射
IEC 61850－10：2005 一致性测试
RFC 2544 1999 网络互联设备基准测试方法
RFC 2889 2000 局域网交换设备基准测试方法
YD/T 1099—2005 以太网交换机技术要求
Q/GDW 429—2010 智能变电站网络交换机技术规范
Q/GDW 441—2010 智能变电站继电保护技术规范</td></tr>
</table>

表 8－5 网络性能测试项目一览表

<table>
<tr><th>序号</th><th colspan="2">测试项目</th><th>要　求</th><th>结论</th><th>备注</th></tr>
<tr><td>1</td><td rowspan="6">过程层网络</td><td>外观检查和一般技术功能</td><td>无风扇设计、接口设计、多链路聚合、组网功能、管理功能满足技术要求，并提供资质报告</td><td>符合</td><td></td></tr>
<tr><td rowspan="2">2</td><td rowspan="2">吞吐量</td><td>一对一端口存储转发速率 100%</td><td>符合</td><td></td></tr>
<tr><td>其他模拟拓扑情况标准未做要求</td><td>标准未做要求，结果仅供参考</td><td>详见报告正文</td></tr>
<tr><td>3</td><td>时延</td><td><4ms</td><td>符合</td><td></td></tr>
<tr><td rowspan="2">4</td><td rowspan="2">帧丢失率</td><td>0/120s</td><td>符合</td><td></td></tr>
<tr><td>模拟端口过载情况标准未做要求</td><td>标准未做要求，结果仅供参考</td><td>详见报告正文</td></tr>
</table>

续表

序号	测试项目		要　求	结论	备注
5	过程层网络	VLAN 功能	应支持端口 VLAN、802.1Q tagVLAN、PVID Format 功能	符合	
6		优先级	至少 4 个优先级队列，绝对优先级	符合	
			相对优先级情况标准未做要求	标准未做要求，结果仅供参考	详见报告正文
7		组网级联性能	模拟各种组网级联情况，标准未做要求	标准未做要求，结果仅供参考	详见报告正文
8	站控层网络	外观检查和一般技术功能	无风扇设计、接口设计、光接口性能、多链路聚合、组网功能、管理功能满足技术要求，并提供资质报告	符合	
9		吞吐量	一对一端口存储转发速率 100%	符合	
10			其他模拟拓扑情况标准未做要求	标准未做要求，结果仅供参考	详见报告正文
11		时延	站控层时延标准未做要求	标准未做要求，结果仅供参考	详见报告正文
12		帧丢失率	0/120s	符合	
13		端口镜像	一对一镜像	符合	
14			多对一镜像	符合	
15		组网级联性能	模拟各种组网级联情况，标准未做要求	标准未做要求，结果仅供参考	详见报告正文
16	网络流量测试	GOOSE 网络流量	无明确要求，测试值仅供参考	标准未做要求，结果仅供参考	
17		MMS 网络流量	无明确要求，测试值仅供参考	标准未做要求，结果仅供参考	
18		GOOSE 网 VLAN 划分	按照设计“VLAN 划分表”进行测试	符合	

续表

序号	测试项目	要　求	结论	备注
19	其他建议	1. 被测 220kV 悦×变电站的网络测试环境和实际运行后的环境有较大差别，应按照现场实际运行环境搭建，否则很难测试出实际的网络性能，具体描述见 1.1 节测试背景。 2. 所有交换机的空闲端口均开启，应在联调结束后予以关闭（开启管理口）。 3. 所有交换机默认用户名口令（admin/123），应改为其他设置，并由专人管理。 4. 交换机 IP 地址均为默认，建议修改为独立地址，方便联调设置和运行后的维护管理。 5. 交换机建议划分独立的管理 VLAN。 6. 现场所有交换机均未开启 RSTP 协议防止环路风暴。 7. 站控层的高级应用功能，例如故障录波、网络分析仪等，设置的镜像端口应在后台监控系统所在交换机，并将级联端口列入，否则有可能造成高级应用功能不全面		

8.3.1　测试背景

测试涉及过程层网络和站控层网络，工业以太网交换机作为智能变电站的二次侧网络信息交换的枢纽，保证了数字量信息的流通，确保各种电力装置相应功能正确高效地运行。交换机功能、性能及对环境的适应性对于变电站而言是相当重要的，并且随着变电站的数字化、智能化程度越来越高，其重要性也越来越高。因此，工业以太网交换机的测试是变电站网络数据交换测试的重点。

本次测试按照 220kV 悦×变电站网络拓扑结构图，搭建实际网络系统测试环境，组网后对智能变电站过程层、站控层等网络经过采样数据流、分析数据流、构造数据流，搭建更加真实复杂的智能变电站网络环境，分别发送极限流量和常规流量，测试出整站系统级的网络数据交换性能和功能，以确保数字化变电站关键组网设备的功能和性能满足要求，并适应今后一段时间的发展需求。

被测 220kV 悦×变电站的网络测试环境与实际运行后的环境有较大差别，工业以太网交换机（东土 SICOM3024P 型号）未到齐（设计 22 台，实到 13 台），网络拓扑搭建和现场稍有不同，电力以太网装置到货不齐并且未按照设计图纸接线，VLAN 划分仅在单独的 SV 交换机配置（未接任何电力设备）。

测评依据：

（1）DL/T 860.81—2006/IEC 61850－8－1：2004 变电站通信网络和系统 第 8－1 部分：特定通信服务映射（SCSM）对 MMS（ISO 9506－1 和 ISO 9506－2）及 ISO/IEC 8802－3 的映射

（2）IEC 61850－10：2005 一致性测试

（3）RFC 2544 1999 网络互联设备基准测试方法

（4）RFC 2889 2000 局域网交换设备基准测试方法

（5）YD/T 1099—2005 以太网交换机技术要求

（6）Q/GDW 429—2010 智能变电站网络交换机技术规范

（7）Q/GDW441—2010 智能变电站继电保护技术规范

8.3.2　过程层网络测试

过程层网络参数见表 8－6。

表 8－6　　过程层网络参数

网络类型	型号	硬件版本	软件版本	序列号	IP 地址	Mac 地址
220kV GOOSE 网	SICOM3024P－4GE－16M－ST－8T	ID:1V1.5.18 (2011－7－8 10:55)	V1.1.8 (2010－11－11 14:24)	S3MOT 111203	192.168.0.2	00－1E－CD－17－C6－70
	SICOM3024P－4GE－16M－ST－8T	ID:1V1.5.18 (2011－7－8 10:55)	V1.1.8 (2010－11－11 14:24)	S3MOT 111185	192.168.0.2	00－1E－CD－17－C6－5E
220kV SV 网	SICOM3024P－4GE－16M－ST－8T	ID:1V1.5.18 (2011－7－8 10:55)	V1.1.8 (2010－11－11 14:24)	S3MOT 111188	192.168.0.2	00－1E－CD－17－C6－61
110kV GOOSE 网	SICOM3024P－4GE－16M－ST－8T	ID:1V1.5.18 (2011－7－8 10:55)	V1.1.8 (2010－11－11 14:24)	S3MOT 111195	192.168.0.2	00－1E－CD－17－C6－68
	SICOM3024P－4GE－16M－ST－8T	ID:1V1.5.18 (2011－7－8 10:55)	V1.1.8 (2010－11－11 14:24)	S3MOT 111190	192.168.0.2	00－1E－CD－17－C6－63

续表

网络类型	型号	硬件版本	软件版本	序列号	IP 地址	Mac 地址
110kV SV 网	SICOM3024P – 4GE – 16M – ST – 8T	ID:1V1.5.18（2011 – 7 – 8 10:55）	V1.1.8（2010 – 11 – 11 14:24）	S3MOT 111186	192.168.0.2	00 – 1E – CD – 17 – C6 – 5F

8.3.2.1 外观检查和一般技术功能测试

过程层网络外观检查和一般技术功能测试见表 8 – 7。

表 8 – 7　过程层网络外观检查和一般技术功能测试

	检查内容	技术要求	检查结果
外观检查	面板	面板无划痕	√
	外壳	外壳无明显碰伤、变形	√
	指示灯	指示灯无损坏	√
	铭牌及厂名	铭牌及厂名字迹清晰	√
	电源	装置电源模块应为满足现场运行环境的工业级产品	√
	模块化插件	装置应是模块化的、标准化的、插件式结构；大部分板卡应容易维护和更换，且允许带电插拔；任何一个模块故障或检修时，应不影响其他模块的正常工作	√
	无风扇设计	应采用自然散热（无风扇）方式	√
一般技术功能	接口设计	当交换机用于传输 SMV 或 GOOSE 等可靠性要求较高的信息时应采用光接口，当交换机用于传输 MMS 等信息时宜采用电接口	√
	组网功能	应支持星形、环形、双星形、双环形的组网方式	√
	管理功能	支持网络管理协议 SNMPv2、v3	√
		提供安全 WEB 界面管理	√
		提供密码管理	√
其他	资质报告	应提供国家电网公司具有测试资质的实验室或测试中心出具的单装置测试报告	√

注　表中符号“√”表示检查测试结果正确，符号“×”表示检查测试结果不正确。

8.3.2.2 吞吐量测试

（1）技术要求：交换机吞吐量等于端口速率 × 端口数量（流控关闭）。

其他模拟拓扑情况标准未做要求，测试结果仅供参考。

（2）测试目的：测试 GOOSE 以太网交换机，模拟各种网络拓扑下 GOOSE 网络数据帧传输情况，在无数据帧丢失情况下，转发固定长度或混合长度的数据帧的最大速率。

（3）测试结果：见表 8－8 和图 8－1～图 8－3。

表 8－8　吞吐量测试结果

测 试 项 目	帧长（B）	吞吐量（%）（测试）
2 个百兆光口互相收发数据，帧定长测试	64	100
	128	100
	256	100
	512	100
	1024	100
	1280	100
	1518	100
12 个百兆光口全网状，帧定长测试	256	9.063
	512	9.063
	1024	9.063
	1280	9.063
	1518	9.063
2 个百兆光口互相收发数据，帧长随机测试	随机（64～1518）	100

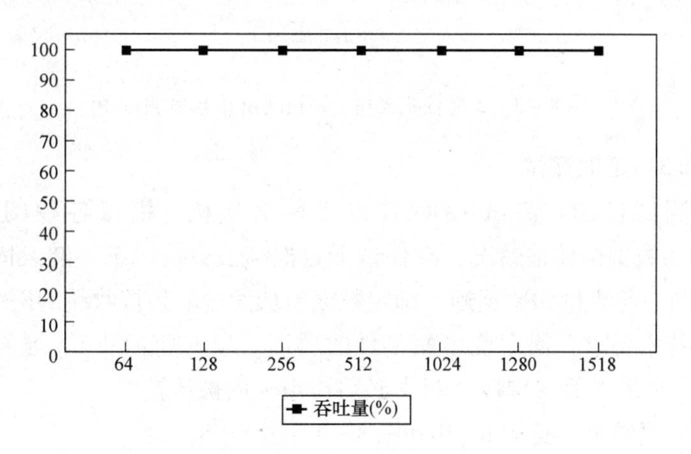

图 8－1　2 个百兆光口，帧定长吞吐量测试图

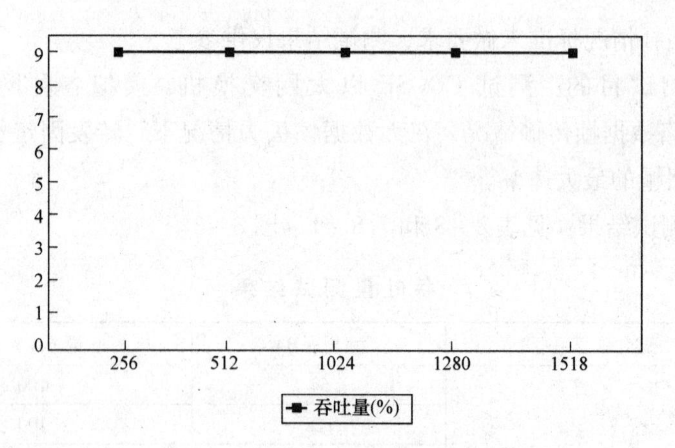

图 8－2　12 个百兆光口，帧定长吞吐量测试图

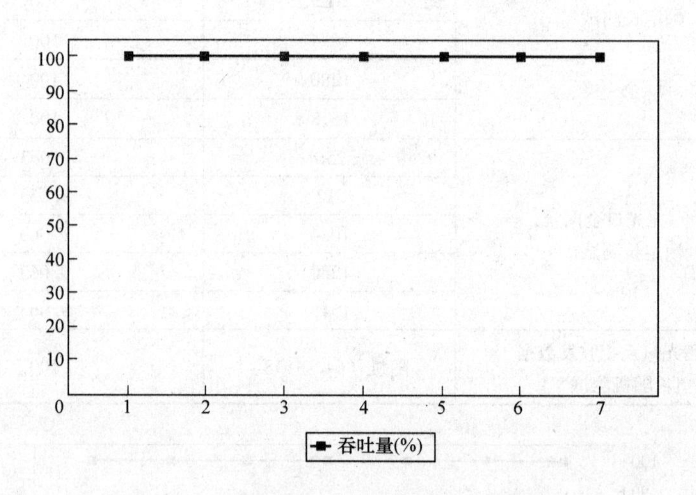

图 8－3　2 个百兆光口，帧长随机吞吐量测试图

8.3.2.3　延时测试

（1）测试目的：测试 GOOSE 以太网交换机，模拟各种网络拓扑下 GOOSE 网络数据帧传输情况，在保证无数据帧丢失情况下，转发固定长度或混合长度的一定流量的数据帧，确定数据帧从发送端到接收端的网络延时。

（2）技术要求：面向变电站事件的通用对象（GOOSE）、通用变电站事件（GSE）和采样值（SMV）报文必须在 4ms 内被传输。

（3）实测结果：见表 8－9 和图 8－4～图 8－8。

注：以下为各种测试方法所对应的测试结果，表明数据流的方向、大小

及发送方式，例如“15 个百兆端口发数据，1 个百兆端口收数据，1%，Full Duplex，Backbone”指 Port1 ~ Port8，Port13 ~ Port19 同时以全双工的方式 1% 线速流量与 Port20 互相收发数据，若发送方式为 Half Dulpex 则为半双工的发送方式，其余测试也做相应解释。

表 8-9　延时测试结果

测试项	负载	延时（μs）	帧长（B）						
			64	128	256	512	1024	1280	1518
2 个百兆光口互相收发数据，Full Duplex，Pair	10%	最小延时	1.37	1.37	1.37	1.39	1.39	1.39	1.39
		最大延时	1.95	7.54	3.45	1.96	1.96	1.96	1.96
		平均延时	1.445	1.448	1.449	1.456	1.452	1.45	1.454
2 个百兆光口互相收发数据，Full Duplex，Pair	95%	最小延时	1.37	1.37	1.37	1.39	1.38	1.38	1.38
		最大延时	9.31	9.02	9.02	7.96	5.25	7.67	5.08
		平均延时	1.449	1.447	1.451	1.456	1.454	1.454	1.454
2 个百兆光口互相收发数据，Full Duplex，Pair	100%	最小延时	1.37	1.38	1.38	1.38	1.38	1.39	1.38
		最大延时	9.62	9.63	9.63	16.4	9.64	9.64	9.64
		平均延时	1.482	1.488	1.483	1.493	1.486	1.496	1.492
12 个百兆端口互相收发数据，Full Duplex，fullmeshed	8%	最小延时	\	\	1.87	1.87	1.87	1.87	1.87
		最大延时	\	\	225.79	427.67	837.26	1042.05	1232.45
		平均延时	\	\	112.363	214.773	419.556	521.953	617.151
12 个百兆端口互相收发数据，Full Duplex，fullmeshed	9%	最小延时	\	\	1.87	1.87	1.87	1.87	1.87
		最大延时	\	\	228.13	430.47	837.26	1042.05	1232.45
		平均延时	\	\	112.363	214.767	419.562	521.96	617.151

续表

测试项	负载	延时（μs）	帧长（B）						
			64	128	256	512	1024	1280	1518
帧长随机（64～1518B）									
2个百兆光口互相收发数据，Full Duplex，Pair	100%	最小延时	1.38	最大延时		125.73	平均延时		11.922

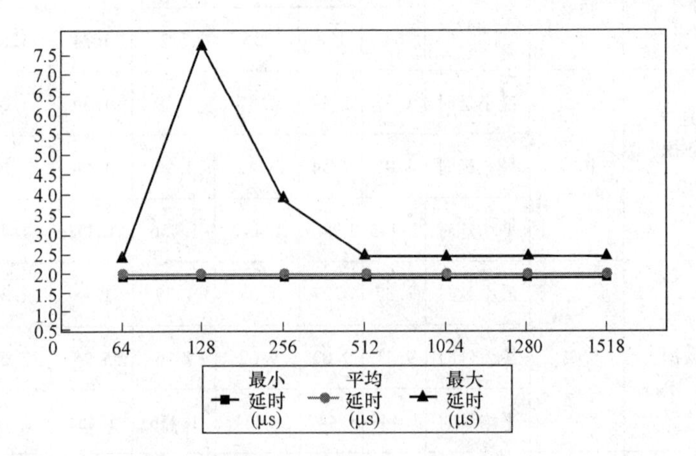

图8－4　各帧长延时测试结果图（2个百兆光口互相收发数据，Full Duplex，Pair，10%）

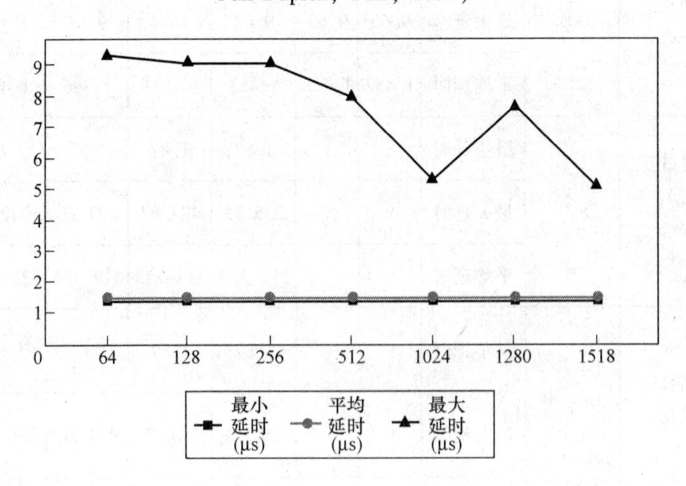

图8－5　各帧长延时测试结果图（2个百兆光口互相收发数据，Full Duplex，Pair，95%）

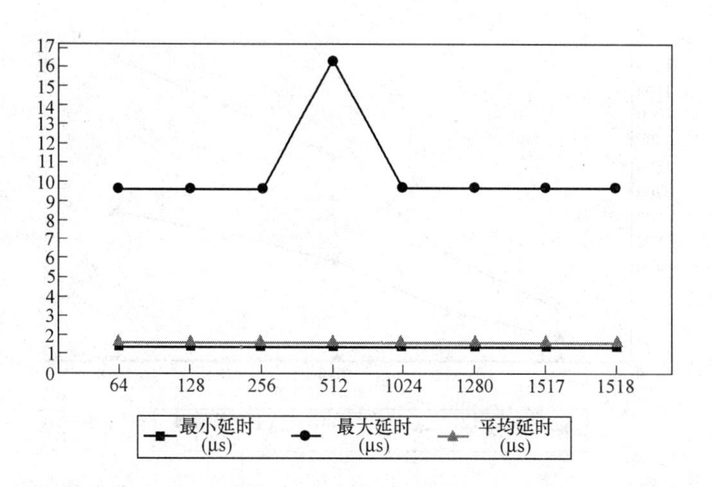

图 8－6 各帧长延时测试结果图（2 个百兆光口互相收发数据，Full Duplex，Pair，100%）

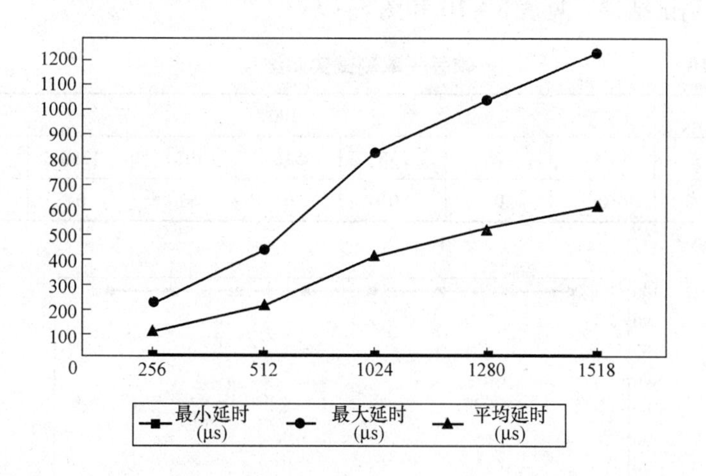

图 8－7 各帧长延时测试结果图（12 个百兆端口互相收发数据，Full Duplex，fullmeshed，8%）

8.3.2.4 帧丢失率测试

（1）技术要求：交换机在全线速转发条件下，丢包（帧）率为零。

（2）测试目的：测试 GOOSE 以太网交换机，模拟各种网络拓扑下 GOOSE 网络数据帧传输情况，转发固定长度一定流量的数据帧，验证数据帧丢失情况。

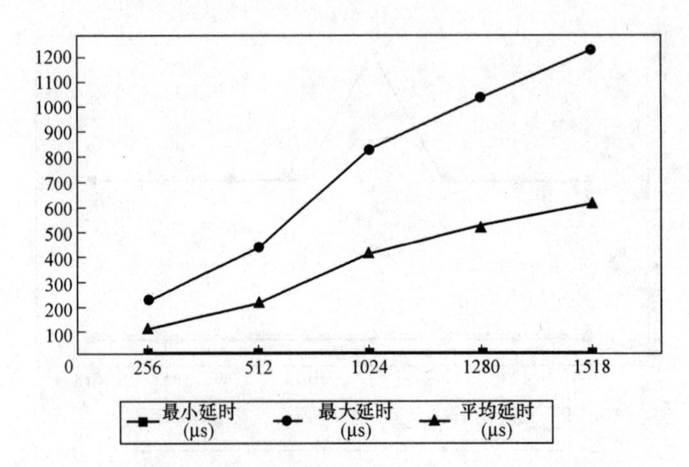

图 8－8　各帧长延时测试结果图（12 个百兆端口互相收发数据，Full Duplex，fullmeshed，9%）

（3）测试结果：见表 8－10 和图 8－9。

表 8－10　　帧丢失率测试实测结果

负载	100%						
帧长（B）	64	128	256	512	1024	1280	1518
帧丢失率（%）	0	0	0	0	0	0	0

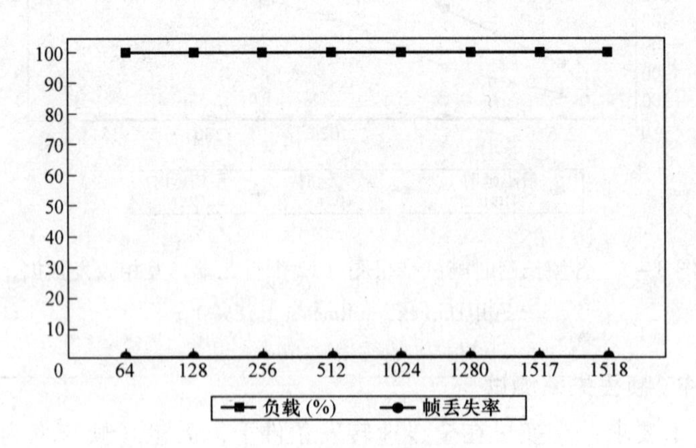

图 8－9　帧丢失率结果图

8.3.2.5　VLAN 功能测试

（1）技术要求：交换机应支持 IEEE 802.1Q 定义的 VLAN 标准，交换机应支持通过 VLAN 技术实现 VPN，至少应支持基于端口或 MAC 地址的 VLAN；应支持同一 VLAN 内不同端口间的隔离功能；单端口应支持多个 VLAN 划分；交换机应支持在转发的帧中插入、删除、修改标记头。

（2）测试目的：测试 GOOSE 以太网交换机虚拟局域网功能，包括基于端口 VLAN、基于 802.1Q tagVLAN 功能、基于端口和协议组合 VLAN、PVID Format 功能（Tagged/Untagged）。

用 7 个数据流测试 VLAN，7 个数据流由测试仪 Port1 发出，测试仪 Port2、Port3、Port4 端口作为接收端口。测试仪端口 Port1 ~ Port4 分别连接交换机端口 Port1 ~ Port4。

7 个测试流分别如下：

1）stream1：GOOSE 报文 VID 默认设置。

2）stream2：GOOSE 报文 VID 为 100。

3）stream3：GOOSE 报文 VID 为 200。

4）stream4：IPv4 报文，VID 默认设置。

5）stream5：IPv4 报文，VID 为 100。

6）stream6：IPv4 报文，VID 为 200。

7）stream7：广播报文，VID 默认设置。

（3）预期结果：测试仪发送到交换机的数据流，若 VLAN ID 号不同，则交换机丢弃该数据流（入口不透传）或转发至相应 VLAN 端口（入口透传）；若相同，可转发至相同 VLAN 的端口。广播报文仅可以在 VLAN 内广播。

（4）交换机设置：交换机端口均需要配置成 tag 模式，才能允许该 VLAN 的数据流输出；Port1、Port2 的 PVID 为 100，Port3、Port4 的 PVID 为 200，其余端口默认设置。

（5）测试结果：见表 8 - 11。

表 8 - 11　VLAN 功能测试实测结果

Tx Port	Stream	Tx 帧	Rx Port	Rx 帧	丢帧	丢帧率（%）
Port1	Stream1	1294	Port2	1294	0	0
			Port3	0	1294	100
			Port4	0	1294	100

续表

Tx Port	Stream	Tx 帧	Rx Port	Rx 帧	丢帧	丢帧率（%）
Port1	Stream2	1294	Port2	1294	0	0
			Port3	0	1294	100
			Port4	0	1294	100
Port1	Stream3	1294	Port2	0	1294	100
			Port3	1294	0	0
			Port4	1294	0	0
Port1	Stream4	1294	Port2	1294	0	0
			Port3	0	1294	100
			Port4	0	1294	100
Port1	Stream5	1294	Port2	1294	0	0
			Port3	0	1294	100
			Port4	0	1294	100
Port1	Stream6	1294	Port2	0	1294	100
			Port3	1294	0	0
			Port4	1294	0	0
Port1	Stream7	1294	Port2	1294	0	0
			Port3	0	1294	100
			Port4	0	1294	100

8.3.2.6 优先级测试

（1）测试目的：本节测试验证 GOOSE 以太网交换机对特定流量或业务流施加优先的 QoS 能力。服务质量要求的基本前提是，在传送更高优先级业务流的数据包之前丢弃低优先级的数据包。业务流的相对优先级别可以通过服务类型字段（ToS）来表示。基于默认的优先队列设置，测试严格优先级。

（2）技术要求：交换机应支持 IEEE 802.1p 流量优先级控制标准，提供流量优先级和动态组播过滤服务，应至少支持 4 个优先级队列，具有绝对优先级功能，应能够确保关键应用和延时要求高的信息流优先进行传输。

（3）测试结果：

1）GOOSE 报文分为 8 个优先级：0、1、2、3 优先级数据流位于 1 端口，4、5、6、7 优先级数据流位于 2 端口；优先级 0 ~ 7 的数据流分别对应于

Stream0 ~ Stream7。

按各数据流收发帧数统计见表 8 – 12，数据流接收图如图 8 – 10 所示。

表 8 – 12　　　　　　　　　GOOSE 报文收发帧数统计表

Stream	Priority	Tx 帧	Rx 帧	丢帧	丢帧率（%）
Stream0	0	339 674	123	339 551	99.96
Stream1	1	339 674	122	292 353	99.96
Stream2	2	339 674	10 182	329 492	97.00
Stream3	3	339 674	10 025	329 649	97.05
Stream4	4	339 674	339 674	0	0
Stream5	5	339 674	339 674	0	0
Stream6	6	339 674	339 674	0	0

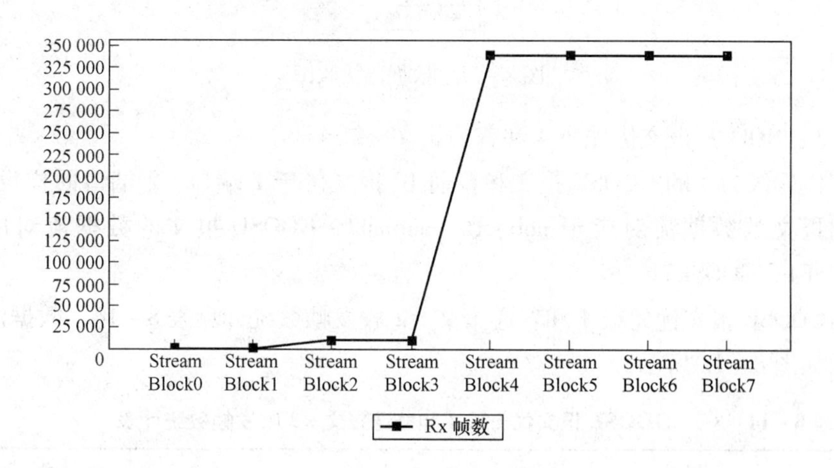

图 8 – 10　数据流接收图

2）GOOSE 报文优先级 4 和普通报文。优先级为 4 的 GOOSE 报文位于 1 端口，普通报文位于 2 端口；普通报文的数据流对应于 normal，GOOSE 报文的数据流对应于 GOOSE。

GOOSE 报文优先级 4 和普通报文收发帧数统计见表 8 – 13，数据流接收图如图 8 – 11 所示。

表 8-13　　GOOSE 报文优先级 4 和普通报文收发帧数统计表

Stream	Priority	Tx 帧	Rx 帧	丢帧	丢帧率（%）
GOOSE	4	1 358 696	1 358 696	0	0
normal	0	1 358 696	19 965	1 205 598	88.73

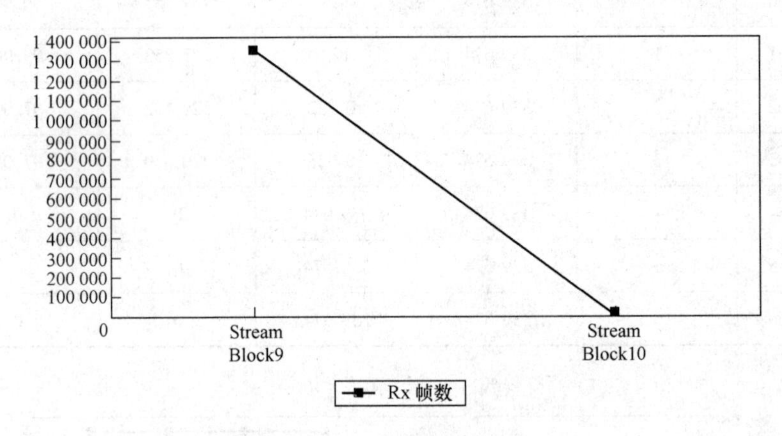

图 8-11　数据流接收图

3）GOOSE 报文优先级 4 和普通报文 ×2。

优先级为 4 的 GOOSE 报文和普通 IP 报文位于 1 端口，2 端口同样设置；普通报文的数据流对应于 normal1、normal2，GOOSE 报文的数据流对应于 GOOSE1、GOOSE2。

GOOSE 报文优先级 4 和普通报文 ×2 收发帧数统计见表 8-14，数据流接收图如图 8-12 所示。

表 8-14　　GOOSE 报文优先级 4 和普通报文 ×2 收发帧数统计表

Stream	Priority	Tx 帧	Rx 帧	丢帧	丢帧率（%）
GOOSE1	4	679 348	679 348	0	0
normal1	0	679 348	9882	669 466	98.54
normal2	0	679 347	9883	669 465	98.54
GOOSE2	4	679 347	679 348	0	0

4）GOOSE 报文分为 3 个优先级：4 优先级数据流位于 1 端口，0、7 优先级数据流位于 2 端口；两个端口分别发送 90% 线速的流量；4 优先级数据流

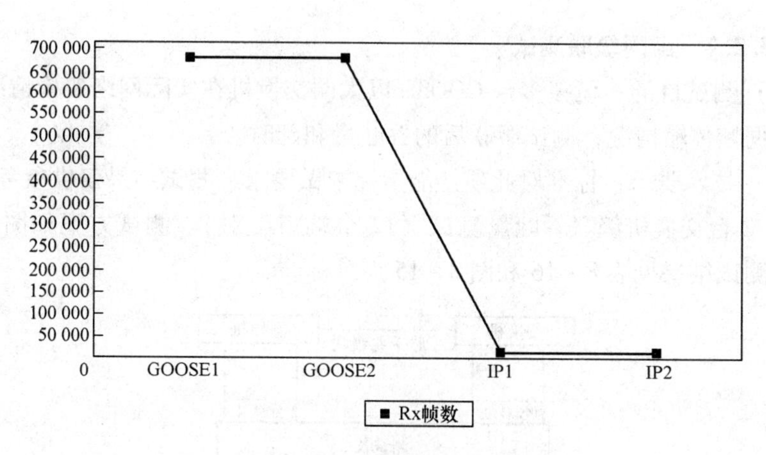

图 8－12 数据流接收图

量为 90% 线速，0 优先级和 7 优先级数据流量各为 45%；优先级 0、4、7 的数据流分别对应于 GOOSE0、GOOSE4、GOOSE7。

GOOSE 报文分为 3 个优先级收发帧数统计见表 8－15，数据流接收图如图 8－13 所示。

表 8－15 GOOSE 报文分为 3 个优先级收发帧数统计

Stream	Priority	Tx 帧	Rx 帧	丢帧	丢帧率（%）
GOOSE0	0	611 414	245	611 169	99.96
GOOSE4	4	1 222 827	767 529	455 298	37.23
GOOSE7	7	611 414	611 414	0	0

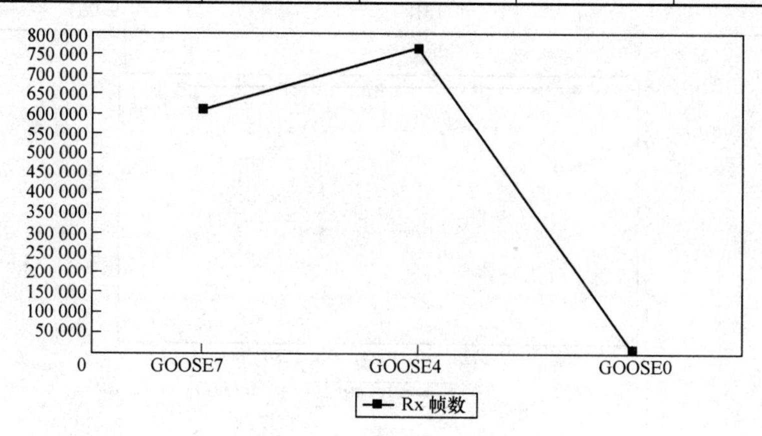

图 8－13 数据流接收图

8.3.2.7 组网级联测试

（1）测试目的：模拟多台 GOOSE 以太网交换机在实际网络架构情况下的网络数据帧传输情况，测试级联后的吞吐量和延时。

（2）技术要求：标准对此项性能指标未做要求，测试结果仅供参考。

1）2 台交换机级联吞吐量测试（12 个端口配对）。测试方案如图 8－14 所示，测试结果见表 8－16 和图 8－15。

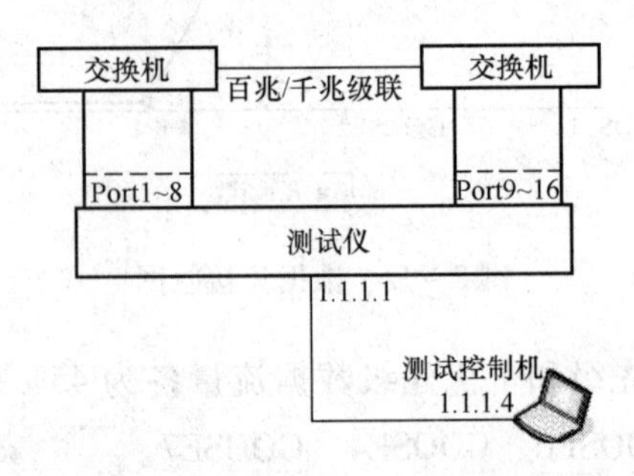

图 8－14　2 台交换机级联吞吐量测试方案图

表 8－16　　2 台交换机级联吞吐量测试结果

级联方式	帧长（B）	吞吐量（%）（测试）
百兆级联	256	9.063
	512	9.063
	1024	9.063
	1280	9.063
	1518	9.063

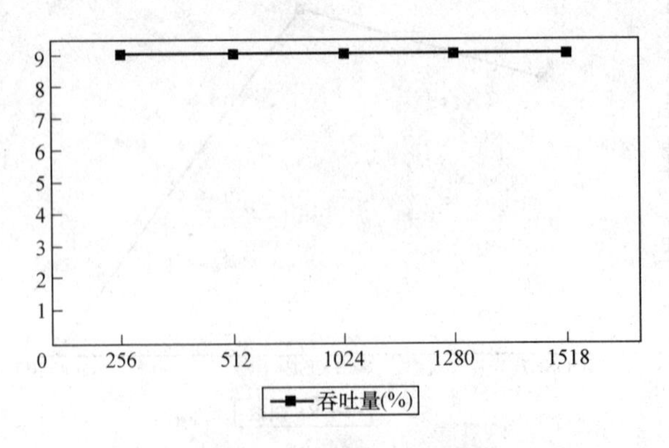

图 8－15　2 台百兆级联吞吐量测试结果图

2）2 台交换机级联延时测试（12 个端口配对）。测试方案如图 8－16 所示，测试结果见表 8－17。

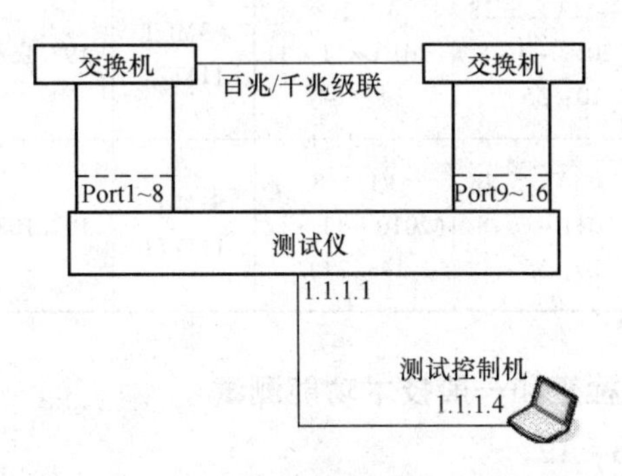

图 8－16　2 台交换机级联延时测试方案图

表 8－17　　2 台交换机级联延时测试结果

级联方式	负载	延时（μs）	帧长（B）				
			256	512	1024	1280	1518
百兆级联	8%	最小延时	1.86	1.87	1.86	1.86	1.87
		最大延时	222.44	434.48	844.06	1041.61	1239.25
		平均延时	86.423	164.92	321.931	400.441	473.416
百兆级联	9%	最小延时	1.85	1.87	1.87	1.87	1.86
		最大延时	229.72	434.51	844.08	1048.88	1239.28
		平均延时	86.407	164.92	321.928	400.432	473.419

8.3.3　站控层网络测试

站控层网络参数见表 8－18。

表 8－18　　站控层网络参数

网络	型号	硬件版本	软件版本	序列号	IP 地址	Mac 地址
站控层 A 网	SICOM3024P－4GE－16M－ST－8T	ID：1V1.5.18（2011－7－8 10：55）	V1.1.8（2010－11－11 14：24）	S3MOT 111182	192.168.0.2	00－1E－CD－17－C6－5B

续表

网络	型号	硬件版本	软件版本	序列号	IP 地址	Mac 地址
站控层A网	SICOM3024P－4GE－16M－ST－8T	ID：1V1.5.18（2011－7－8 10：55）	V1.1.8（2010－11－11 14：24）	S3MOT 111179	192.168.0.2	00－1E－CD－17－C6－58
	SICOM3024P－4GE－16M－ST－8T	ID：1V1.5.18（2011－7－8 10：55）	V1.1.8（2010－11－11 14：24）	S3MOT 111178	192.168.0.2	00－1E－CD－17－C6－57

8.3.3.1 外观检查和一般技术功能测试

技术要求见表8－19。

表8－19　外观检查和一般技术功能测试结果

检查项目	检查内容	技术要求	检查结果
外观检查	面板	面板无划痕	√
	外壳	外壳无明显碰伤、变形	√
	指示灯	指示灯无损坏	√
	铭牌及厂名	铭牌及厂名字迹清晰	√
	电源	装置电源模块应为满足现场运行环境的工业级产品	√
	模块化插件	装置应是模块化的、标准化的、插件式结构；大部分板卡应容易维护和更换，且允许带电插拔；任何一个模块故障或检修时，应不影响其他模块的正常工作	√
	无风扇设计	应采用自然散热（无风扇）方式	√
一般技术功能	接口设计	当交换机用于传输SMV或GOOSE等可靠性要求较高的信息时应采用光接口，当交换机用于传输MMS等信息时宜采用电接口	√
	组网功能	应支持星形、环形、双星形、双环形的组网方式	√
	管理功能	支持网络管理协议SNMPv2、v3	√
		提供安全WEB界面管理	√
		提供密码管理	√
其他	资质报告	应提供国家电网公司具有测试资质的实验室或测试中心出具的单装置测试报告	√

注　表中符号“√”表示检查结果正确。

8.3.3.2 吞吐量测试

（1）测试目的：测试MMS以太网交换机，模拟各种网络拓扑下MMS网络数据包传输情况，在无数据包丢失情况下，转发固定长度或混合长度的数据包的最大转发速率。

（2）技术要求：交换机吞吐量等于端口速率×端口数量（流控关闭）。其他模拟拓扑情况标准未做要求，测试结果仅供参考。

（3）测试结果：见表8－20和图8－17。

表8－20　　吞吐量测试结果

帧长（B）	吞吐量（%）（测试）
64	100
128	100
256	100
512	100
1024	100
1280	100
1518	100

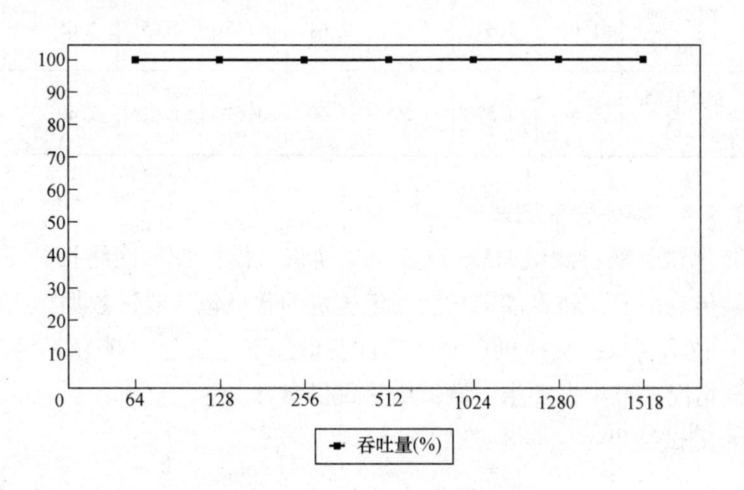

图8－17　吞吐量测试结果图

8.3.3.3 延时测试

（1）测试目的：测试MMS以太网交换机，模拟各种网络拓扑下MMS网络数据包传输情况，在保证无数据包丢失情况下，转发固定长度一定流量的数据包，确定数据包从发送端到接收端的网络延时。

（2）技术要求：标准对站控层的网络传输延时性能指标未做要求，测试结果仅供参考。

（3）测试结果：见表8－21。

表8－21 延时测试结果

负载	帧长（B）	64	65	128	256	512	1024	1280	1518
10%	最大延时（μs）	1.95	2.13	2.4	1.69	1.67	1.68	3.73	1.68
	平均延时（μs）	1.62	1.65	1.64	1.65	1.65	1.65	1.65	1.65
	最小延时（μs）	1.60	1.60	1.61	1.61	1.61	1.60	1.60	1.62
95%	最大延时（μs）	2.38	2.4	2.35	2.34	9.96	1.97	1.85	2.37
	平均延时（μs）	1.64	1.64	1.63	1.64	1.65	1.65	1.65	1.65
	最小延时（μs）	1.58	1.59	1.59	1.60	1.61	1.61	1.60	1.60

8.3.3.4 帧丢失率测试

（1）测试目的：测试MMS以太网交换机，模拟各种网络拓扑下MMS网络数据帧传输情况，转发固定长度一定流量的数据包，验证数据帧丢失情况。

（2）技术要求：交换机在全线速转发条件下，丢包（帧）率为零。模拟端口过载情况标准未做要求，测试结果仅供参考。

（3）测试结果：见表8－22。

表8－22 帧丢失率测试结果

负载	100%						
帧长（B）	64	128	256	512	1024	1280	1518
帧丢失率（%）	0	0	0	0	0	0	0

8.3.3.5 端口镜像测试

（1）测试目的：模拟智能变电站中高级应用（报文分析记录仪、在线诊断系统、故障录波系统）所需要的端口设置功能，验证以太网交换机的端口镜像功能及其性能是否满足要求。端口镜像功能可以将一个或多个端口的流量自动复制到另一端口，以供智能变电站中高级应用对端口流量进行实时监测、分析、诊断。

（2）技术要求：以太网交换机应支持镜像功能，包括一对一端口镜像、多对一端口镜像。使用该功能可以将交换机的流量拷贝以用于进行详细的分析利用。在保证镜像端口吞吐量的情况下，镜像端口不应当丢失数据。

1）一对一镜像。

① 输入数据流监视：配置测试仪 Port1 向 Port2 单向发送数据，Port3 监视数据，验证 Port4 - 1 对 Port1 - 1 的输入数据流监视是否成功。监视结果见表 8 - 23。

表 8 - 23　输入数据流监视结果

Tx Port	Stream	Tx 帧	Rx Port	Rx 帧	丢帧	丢帧率（%）
Port1	MMS	230 962	Port2	230 962	0	0
			Port3	230 962	0	0
Port1	GOOSE	230 962	Port2	230 962	0	0
			Port3	230 962	0	0

② 输出数据流监视：配置测试仪 Port2 向 Port1 单向发送数据，Port3 监视数据，验证 Port4 - 1 对 Port1 - 1 的输出数据流监视是否成功。监视结果见表 8 - 24。

表 8 - 24　输出数据流监视结果

Tx Port	Stream	Tx 帧	Rx Port	Rx 帧	丢帧	丢帧率（%）
Port2	MMS	230 962	Port1	230 962	0	0
			Port3	230 962	0	0
Port2	GOOSE	230 962	Port1	230 962	0	0
			Port3	230 962	0	0

③ 双向数据流监视：配置测试仪 Port1 和 Port2 双向发送数据，Port3 监视数

据，验证 Port4 -1 对 Port1 -1 的双向数据流监视是否成功。监视结果见表 8-25。

表 8-25　　双向数据流监视结果

Tx Port	Stream	Tx 帧	Rx Port	Rx 帧	丢帧	丢帧率（%）
Port1	MMS	230 962	Port2	230 962	0	0
			Port3	230 962	0	0
Port1	GOOSE	230 962	Port2	230 962	0	0
			Port3	230 962	0	0
Port2	MMS	230 962	Port1	230 962	0	0
			Port3	230 962	0	0
Port2	GOOSE	230 962	Port1	230 962	0	0
			Port3	230 962	0	0

2）多对一镜像。测试交换机端口 Port2 -1、Port2 -2、Port2 -3、Port2 -4，Port2 -5 分别连接测试仪 Port1、Port2、Port3、Port4、Port5。测试帧长为 Random（64 ~ 1518）B，测试仪端口 Port1、Port2、Port3、Port4 为收发数据帧端口，Port5 为监视端口，Port1、Port2、Port3、Port4 为被监视端口。端口测试流量为 10% 线速，测试时间为 30s。

配置测试仪 Port1 和 Port2 双向发送数据（GOOSE 帧格式），Port3 和 Port4 双向发送数据（MMS 数据包格式），Port5 监视数据，验证 Port4 -1 对 Port1 -1、Port1 -2、Port1 -3、Port1 -4 的双向数据流监视是否成功。监视结果见表 8-26。

表 8-26　　双向数据流监视结果

Tx Port	Stream	Tx 帧	Rx Port	Rx 帧	丢帧	丢帧率（%）
Port1	GOOSE	46 246	Port2	46 246	0	0
			Port3	46 246	0	0
			Port4	46 246	0	0
			Port5	46 246	0	0
Port2	GOOSE	46 246	Port1	46 246	0	0
			Port3	46 246	0	0
			Port4	46 246	0	0
			Port5	46 246	0	0

续表

Tx Port	Stream	Tx 帧	Rx Port	Rx 帧	丢帧	丢帧率（%）
Port3	MMS	46 246	Port1			
			Port2			
			Port4	23 120	0	0
			Port5	23 120	0	0
Port4	MMS	46 246	Port1			
			Port2			
			Port3	46 246	0	0
			Port5	46 246	0	0

8.3.3.6 组网级联测试

（1）测试目的：模拟三台 MMS 以太网交换机在实际网络架构情况下的网络数据帧传输情况，测试级联后的吞吐量和时延。

（2）技术要求：标准对此项性能指标未做要求，测试结果仅供参考。

1）三台交换机级联吞吐量测试（8 个端口配对）。测试方案如图 8－18 所示，测试结果见表 8－27。

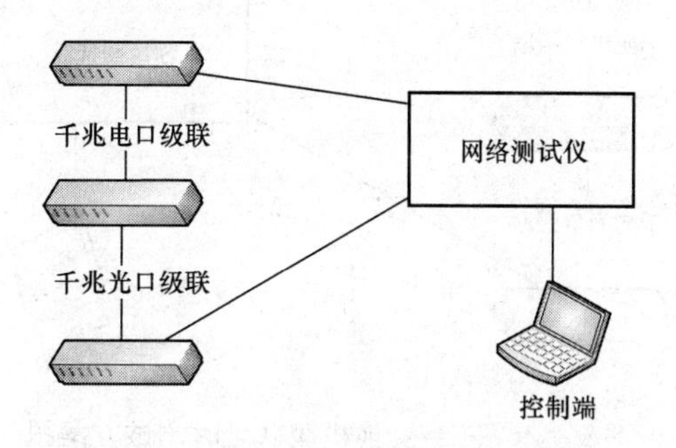

图 8－18　三台交换机级联吞吐量测试方案图

表 8－27　　三台交换机级联吞吐量测试结果

级联方式	帧长（B）	报文格式	吞吐量（%）（Mbit/s）
百兆光口	64	MMS	16.5
	128		16.5
	256		16.5
	512		16.5

续表

级联方式	帧长（B）	报文格式	吞吐量（%）（Mbit/s）
百兆光口	1024	MMS	16.5
	1280		16.5
	1518		16.5
千兆电口	64	MMS	100
	128		100
	256		100
	512		100
	1024		100
	1280		100
	1518		100

2）三台交换机级联延时测试（8 个端口配对）。测试方案如图 8－19 所示，测试结果见表 8－28。

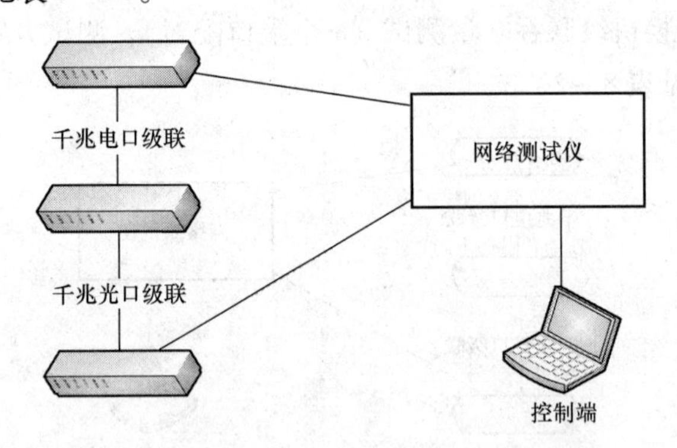

图 8－19　三台交换机级联延时测试方案图

表 8－28　　三台交换机级联延时测试结果

级联方式	负载（Mbit/s）	帧长（B）	最小延时（μs）	平均延时（μs）	最大延时（μs）
百兆光口	16.5	64	16.41	33.348	84.65
		128	26.65	56.388	119.33
		256	47.13	102.473	178.79
		512	88.11	194.671	321.78

续表

级联方式	负载（Mbit/s）	帧长（B）	最小延时（μs）	平均延时（μs）	最大延时（μs）
百兆光口	16.5	1024	170.03	378.994	610.39
		1280	210.99	471.151	753.71
		1518	249.07	556.836	898.13
千兆电口	100	64	5.33	339.477	850.63
		128	6.36	362.05	887.43
		256	112.05	597.122	1149.5
		512	12.64	388.118	898.42
		1024	20.82	432.053	990.27
		1280	24.91	372.978	945.02
		1518	28.72	389.157	926.65

8.3.4　网络流量测试

（1）测试目的：测试智能变电站网络系统的网络流量和网络协议是否正常，掌握整个数字化站的网络运行的情况。在发生异常流量情况下，能够及时找出发生异常装置，测试的结果能够指导站内网络设置（风暴抑制、优先级设置、网络拓扑顺序等）。本测试项能够测试在正常和非正常情况下网络的流量，包括网络利用率、网络数据包传输率、错误率等。

（2）技术要求：标准对此项性能指标未做要求，测试结果仅供参考。

（3）测试拓扑图：见图8－20。

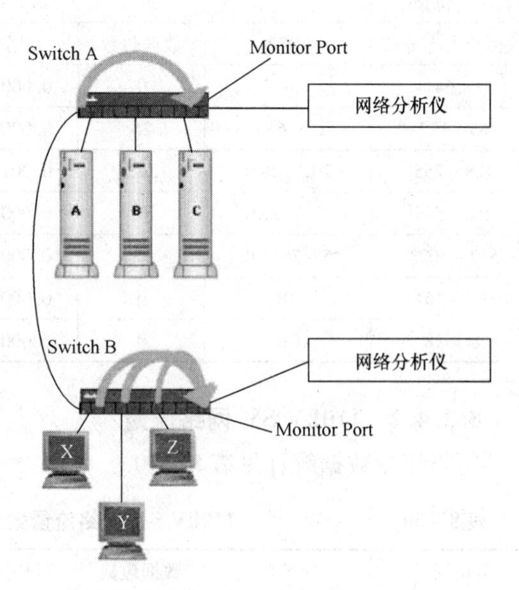

图8－20　网络流量测试拓扑

8.3.4.1 110kV GOOSE 网络流量

（1）总流量图：如图 8－21 所示。

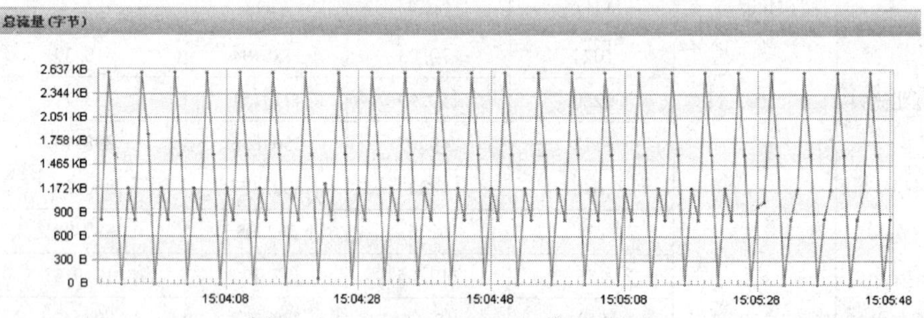

图 8－21 110kV GOOSE 网络总流量图

（2）数据统计：见表 8－29。

表 8－29　110kV GOOSE 网络数据统计

流量统计	字节数	数据包数	利用率	每秒位数	每秒数据包数
总流量	150.521KB	563	0.001%	6.640kbit/s	5
广播流量	386B	3	0.000%	0bit/s	0
多播流量	150.145KB	560	0.001%	6.640kbit/s	5
平均包长	273.772 字节				
数据包大小分布	字节数	数据包数	利用率	每秒位数	每秒数据包数
≤64	0B	0	0.000%	0bit/s	0
65～127	1.816KB	26	0.000%	0bit/s	0
128～255	70.212KB	392	0.001%	6.640kbit/s	5
256～511	20.742KB	72	0.000%	0bit/s	0
512～1023	57.751KB	73	0.000%	0bit/s	0
1024～1517	0B	0	0.000%	0bit/s	0
≥1518	0B	0	0.000%	0bit/s	0

8.3.4.2 110kV SV 网络流量

网络流量数据统计见表 8－30。

表 8－30　110kV SV 网络流量数据统计表

流量统计	字节数	数据包数	利用率	每秒位数	每秒数据包数
总流量	13.879MB	54 237	2.576%	25.760Mbit/s	12 000

续表

流量统计	字节数	数据包数	利用率	每秒位数	每秒数据包数
广播流量	0B	0	0.000%	0bit/s	0
多播流量	13.879MB	54 237	2.576%	25.760Mbit/s	12 000
平均包长	268.329 字节				
数据包大小分布	字节数	数据包数	利用率	每秒位数	每秒数据包数
≤64	0B	0	0.000%	0bit/s	0
65 ~ 127	72B	1	0.000%	0bit/s	0
128 ~ 255	0B	0	0.000%	0bit/s	0
256 ~ 511	13.879MB	54 236	2.576%	25.760Mbit/s	12 000
512 ~ 1023	0B	0	0.000%	0bit/s	0
1024 ~ 1517	0B	0	0.000%	0bit/s	0
≥1518	0B	0	0.000%	0bit/s	0

8.3.4.3 220kV GOOSE 网络流量

（1）总流量图：如图 8 - 22 所示。

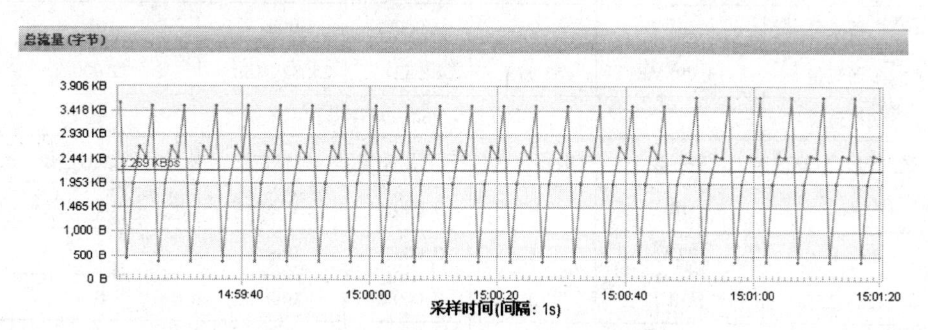

图 8 - 22　220kV GOOSE 网络总流量图

（2）数据统计：见表 8 - 31。

表 8 - 31　　220kV GOOSE 网络数据统计

流量统计	字节数	数据包数	利用率	每秒位数	每秒数据包数
总流量	271.686KB	770	0.002%	20.272kbit/s	10
广播流量	132B	2	0.000%	0bit/s	0
多播流量	271.557KB	768	0.002%	20.272kbit/s	10
平均包长	361.306 字节				

续表

数据包大小分布	字节数	数据包数	利用率	每秒位数	每秒数据包数
≤64	0B	0	0.000%	0bit/s	0
65~127	1.887KB	27	0.000%	576bit/s	1
128~255	79.908KB	448	0.001%	11.664kbit/s	8
256~511	53.261KB	149	0.000%	0bit/s	0
512~1023	136.630KB	146	0.001%	8.032kbit/s	1
1024~1517	0B	0	0.000%	0bit/s	0
≥1518	0B	0	0.000%	0bit/s	0

8.3.4.4 220kV SV 网络流量

220kV SV 网络数据统计见表 8-32。

表 8-32　220kV SV 网络数据统计

流量统计	字节数	数据包数	利用率	每秒位数	每秒数据包数
总流量	13.795MB	53 773	2.582%	25.824Mbit/s	12 000
广播流量	0B	0	0.000%	0bit/s	0
多播流量	13.795MB	53 773	2.582%	25.824Mbit/s	12 000
平均包长	268.996 字节				
数据包大小分布	字节数	数据包数	利用率	每秒位数	每秒数据包数
≤64	0B	0	0.000%	0bit/s	0
65~127	72B	1	0.000%	0bit/s	0
128~255	0B	0	0.000%	0bit/s	0
256~511	13.795MB	53 772	2.582%	25.824Mbit/s	12 000
512~1023	0B	0	0.000%	0bit/s	0
1024~1517	0B	0	0.000%	0bit/s	0
≥1518	0B	0	0.000%	bit/s	0

8.3.4.5 GOOSE 网 VLAN 划分测试

现场组网的 GOOSE 交换机和 SV 交换机被划分至 VLAN 后，验证每个 VLAN 中均包含设计的“VLAN 划分表”中应该接收到的数据帧。

搭建测试环境，将网络分析仪分别接入每个 VLAN 的预留端口，使用分析仪的数据包抓包和分析功能，获得测试结果。将测试结果与预期结果对比，会出现下列情况：

（1）“VLAN 划分表”中的各个装置物理地址未全部出现在测试结果中，表明未发现 MAC 地址的设备数据没有成功传输到 GOOSE 网络，需要对通信线路和电力装置进行检查。

（2）“VLAN 划分表”中的装置物理地址全部出现在测试结果中，但是发现存在多余的电力装置物理地址，表明此 VLAN 中存在多余通信信息，需要进行检查。

（3）已知“VLAN 划分表”中的装置物理地址全部出现在测试结果中，并与之映射的物理地址均为此 VLAN 中需要互相通信的电力装置地址时，则测试结果通过，此 VLAN 运行正常。

VLAN 划分表见表 8－33。

表 8－33　　VLAN 划分表

V201，220kVSVA/V203，220kV SVB	
端　口	设　备
14	220kV 母线 1 号 TV 智能终端及合并单元合一装置（PCS－221N）
11	220kV 母联合并单元 A（PCS－221G）
3	220kV 陈××Ⅰ线合并单元 A
5	220kV 陈××Ⅱ线合并单元 A
7	220kV 田×Ⅰ线合并单元 A
9	220kV 田×Ⅱ线合并单元 A
2	220kV 陈××Ⅰ线测控装置
4	220kV 陈××Ⅱ线测控装置
6	220kV 田×Ⅰ线测控装置
8	220kV 田×Ⅱ线测控装置
12	220kV 母联测控装置
13	220kV Ⅰ母测控装置
15	220kV Ⅱ母测控装置
22	网络报文分析仪
10	220kV 故障录波 1

续表

V201，220kVSVA/V203，220kV SVB	
端　口	设　　备
16	220kV 故障录波 1
V202，220kVSVA/V204，220kV SVB	
端　口	设　　备
17	2 号主变压器 220kV 侧合并单元 B（PCS－221G）
19	3 号主变压器 220kV 侧合并单元 B（PCS－221G）
18	2 号主变压器 220kV 侧测控装置
20	3 号主变压器 220kV 侧测控装置
23	网络报文分析仪
21	主变压器故障录波 1
V101，110kVSVA/V103，110kV SVB	
端　口	设　　备
6	110kV 母线 1 号 TV 智能终端及合并单元合一装置（PCS－221N）
2	110kV 曾×Ⅰ线合并单元
3	110kV 大×线合并单元
4	110kV 曾×Ⅱ线合并单元
5	110kV 母联合并单元（PCS－221G）
9	110kV Ⅰ母测控
10	110kV Ⅱ母测控
7	110kV 故障录波
8	网络报文分析仪
V102，110kVSVA/V103，110kV SVB	
端　口	设　　备
14	2 号主变压器 110kV 侧合并单元 B（PCS－221G）
19	3 号主变压器 110kV 侧合并单元 B（PCS－221G）
15	2 号主变压器 10kV 侧智能终端及合并单元合一装置 B（PCS－9681）
16	2 号主变压器 10kV 侧智能终端及合并单元合一装置 B（PCS－9681）
20	3 号主变压器 10kV 侧智能终端及合并单元合一装置 B（PCS－9681）

续表

V102，110kVSVA/V103，110kV SVB	
端 口	设 备
11	2号主变压器110kV侧测控装置
12	2号主变压器10kV侧分支一测控装置
13	2号主变压器10kV侧分支二测控装置
17	3号主变压器110kV侧测控装置
18	3号主变压器10kV侧测控装置
21	主变压器故障录波
23	主变压器故障录波
22	网络报文分析仪

测试结果：同“VLAN划分表”，测试通过。

8.3.5 通信系统网络风暴测试

8.3.5.1 测试方法

通过在被测试的终端设备通信网络上加入带外、带内两种报文，以一定的负荷发送报文。带外广播报文的目的mac地址为FF－FF－FF－FF－FF－FF，带内报文在数字化变电站系统内抓包获得，以确保带内GOOSE报文的帧格式为终端被测设备接受的帧格式。测试在不同负载的带内、带外网络风暴下，终端设备的状态反应。

8.3.5.2 测试项目

测试交换机对网络风暴的抑制能力，并测试不同流量的广播风暴和带内组播风暴对基于以太网电力装置的影响。具体测试项目包括：

（1）交换机支持广播风暴抑制功能；

（2）交换机支持组播风暴抑制功能；

（3）交换机同时支持广播和组播风暴抑制功能；

（4）站内装置抗网络风暴性能测试。

8.3.5.3 测试结果

测试结果见表8－34、表8－35。

表 8-34　　交换机性能测试

测试项目	交换机现状	测试结果
广播风暴入口抑制	支持	符合
广播风暴出口抑制	支持	符合
组播风暴入口抑制	支持	符合
组播风暴出口抑制	支持	符合
广播/组播风暴入口抑制	支持	符合
广播/组播风暴入口抑制	支持	符合

表 8-35　　网络风暴对站内装置影响测试汇总表

装置设备	生产厂家	目的地址	流量（Mbit/s）	测试现状	结果
PCS—9631 电容保护装置	南瑞继保	FF-FF-FF-FF-FF-FF	100	方式告警灯亮，修改装置定值成功	正常
		带内 GOOSE 组播	100	方式告警灯亮，修改软连接片成功	正常
PCS—9621 站内变保护装置	南瑞继保	FF-FF-FF-FF-FF-FF	100	方式告警灯亮，跳闸报警变为传动功能正常	正常
		带内 GOOSE 组播	100	方式告警灯亮，修改定制修改成功	正常
PCS—9611 线路保护装置	南瑞继保	FF-FF-FF-FF-FF-FF	100	方式告警灯亮，跳闸报警变为传动功能正常	正常
		带内 GOOSE 组播	100	方式告警灯亮，修改定制修改成功	正常
PCS—222 智能操作箱	南瑞继保	RPIT1-gocb0-gocb1-gocb2-FF-FF-FF-FF-FF-FF	100	GOOSE 告警灯亮，装置进行断路器操作成功	正常
		RPIT1-gocb0-01-0C-CD-01-00-09	100	GOOSE 告警灯亮，装置进行断路器操作成功，目的 mac 为 0015、0003、0103，装置面板无响应，停止风暴后面板正常	正常

续表

装置设备	生产厂家	目的地址	流量（Mbit/s）	测试现状	结果
PCS—222 智能操作箱	南瑞继保	01-0C-CD-01-00-09	100	GOOSE告警灯亮，装置进行断路器操作成功，装置面板无响应，停止风暴后面板正常	正常
		RPIT1-gocb2-1109	100	GOOSE告警灯亮，装置进行断路器操作成功，装置面板无响应，停止风暴后面板正常	正常
		RPIT2-gocb0-gocb1-gocb2-FF-FF-FF-FF-FF-FF	100	GOOSE告警灯亮，装置进行断路器操作成功	正常
		RPIT2-gocb0-2109	100	GOOSE告警灯亮，装置进行断路器操作成功，目的mac为1103，装置面板无响应，停止风暴后面板正常	正常
		RPIT2-gocb1-3109	100	GOOSE告警灯亮，装置进行断路器操作成功，目的mac为1103，装置面板无响应，停止风暴后面板正常	正常
		RPIT2-gocb1-4109	100	GOOSE告警灯亮，装置进行断路器操作成功，目的mac为1103，装置面板无响应，停止风暴后面板正常	正常

续表

装置设备	生产厂家	目的地址	流量（Mbit/s）	测试现状	结果
PCS—943 高压线路成套保护装置	南瑞继保	FF－FF－FF－FF－FF－FF	100	面板无响应，后台发送跳闸信号无法执行。报文发送结束后面板正常，功能自动回复	正常
		FF－FF－FF－FF－FF－FF	90	面板无响应，后台发送跳闸信号无法执行。报文发送结束后面板正常，功能自动回复	正常
		FF－FF－FF－FF－FF－FF	100	面板响应迟缓，后台发送跳闸信号执行正常。报文发送结束后面板正常	正常
		FF－FF－FF－FF－FF－FF	90	面板响应迟缓，后台发送跳闸信号执行正常。报文发送结束后面板正常	正常
XA701—W 智能操作箱	南京新宁	FF－FF－FF－FF－FF－FF	100	开关变位操作正常	正常
		00－0C－CD－01－00－01－01	0.4	开关变位操作失效，装置无反应	正常
		01－0C－CD－01－00－01－01	0.3	开关变位操作正常，但有相对时延	正常
OEMU702 合并单元	南京新宁	00－0C－CD－01－00－01－01	100	合并单元发送GOOSE报文正常，装置前面板操作正常	正常
		01－0C－CD－01－00－00－07	100	合并单元发送GOOSE报文正常，装置前面板操作正常	正常

续表

装置设备	生产厂家	目的地址	流量（Mbit/s）	测试现状	结果
PDS1000智能变电站二次设备自诊断系统	北京博电	FF-FF-FF-FF-FF-FF	100	装置正常工作	正常
		00-0C-CD-01-00-01-01	1000	装置正常工作，采用分析功能无法正常打开，造成控制分析软件的进程异常	正常
		01-0C-CD-01-00-01-01	800	装置正常工作，采用分析功能正常	正常

8.3.5.4 结果分析

测试结果表明，交换机出口、入口对各种网络风暴的抑制均符合要求；在100Mbit/s网络流量风暴下，站内网络上终端设备，包括线路保护、测控、智能控制终端等主要功能均能够正常工作，杉树站内设备可以经受住该级别的网络风暴冲击。但在高流量情况下，部分装置会出现告警灯亮、面板无响应、后台跳闸信号不执行等异常情况，说明网络风暴对站内设备性能有一定影响。100Mbit/s网络风暴冲击对杉树站内设备主要性能不影响，但部分辅助功能有一定的影响，基本能满足杉树站实际运行要求。

8.4 同步时钟测试报告

同步时钟测试记录总表见表8-36，测试项目见表8-37。

表8-36 同步时钟测试记录总表

样品型号		项目名称	220kV悦×变电站GPS同步时钟设备测试报告
检验类别	委托检验	委托单位	××市电力公司
样品数量		样品编号	
样品接收日期	2011年11月4日	样品接收状况	软硬件齐全，外观完好无损，功能、性能待查
检验时间	2011年11月4日至2011年11月6日		

续表

检验地点	××市电力科学研究院二次智能综合实验室
检验依据	DL/T 1100.1—2009 电力系统的时间同步系统 第一部分 技术规范要求 YD/T 1267—2003 基于SDH传送网的同步网技术要求 YD/T 1355—2003 小型局站同步时钟设备技术要求和测试方法

表8-37 同步时钟测试项目一览表

测试项目	规范要求	测试结果及结论	备注
TTL电平对时方式接口测试	准时延：上升沿，上升时间≤100ns 上升沿时间准确度：优于1μs 时间同步准确度：优于1μs	满足规范要求	详见报告正文
空触点对时方式接口测试	准时延：上升沿，上升时间≤1μs 上升沿时间准确度：优于3μs 隔离方式：光电隔离 输出方式：集电极开路 允许U_{ce}工作电压：220V DC 允许I_{ce}工作电流：20mA 时间同步准确度：优于3μs	满足规范要求	详见报告正文
RS485/RS422差分对时方式接口测试	准时延：上升沿，上升时间≤100ns 上升沿时间准确度：优于1μs 时间同步准确度：优于1μs	满足规范要求	详见报告正文
脉冲信号对时方式接口测试	脉冲宽度：10~200ms 时间同步准确度：	满足规范要求	详见报告正文
IRIG-B码对时方式接口测试	每秒一帧，包含100个码元，每个码元10ms 脉冲上升时间：≤100ns 抖动时间：≤200ns 时间同步准确度：优于1μs	满足规范要求	详见报告正文
串口（RS232）对时方式接口测试	报文发送时刻，每秒输出一帧。与秒脉冲的前沿对齐，偏差小于5ms。 时间同步准确度：优于10ms	满足规范要求	详见报告正文

8.4.1 测试背景

220kV 悦×变电站，全站时钟同步系统为××电力自动化有限公司 T—GPS 电力系统同步时钟。系统由一台 GPS 主时钟（T—GPS - B1A），一台北斗主时钟（T—GPS - B1B），三台扩展时钟同步装置（T—GPS - F5A）组成，共组两面屏。

由于只有一台 GPS 主时钟（T—GPS - B1A）送到在××电科院智能二次实验室，所以只对这台时钟装置进行了检测工作。对整个时钟同步系统的检测工作，将安排在变电站现场完成。

本次测试采用精密时间综合测量仪 TimeAcc - 007，其测量精度见表 8 - 38、表 8 - 39。

表 8 - 38　　精密时间综合测量仪 TimeAcc - 007 测量精度

信号类型	测量精度	解析精度
1pps	±25ns	0.2ns
1ppm	±25ns	0.2ns
1pph	±25ns	0.2ns
IRIG - B AC	±1μs	100ns
IRIG - B DC	±25ns	0.2ns
RS232	±1μs	0.2ns
RS422/RS485	±100ns	0.2ns
PTP/NTP	±70ns	20 ns

表 8 - 39　　精密时间综合测量仪 TimeAcc - 007 自带铷钟性能指标

条　件	参　量	性　能
失锁 GPS	每月老化	2E - 11
失锁 GPS（恒温）	每小时偏差	8ns
失锁 GPS（恒温）	每天偏差	250ns
失锁 GPS（温度变化 10℃）	每小时偏移	80ns
失锁 GPS（温度变化 10℃）	每天偏移	2μs

8.4.2 输出信号测试

8.4.2.1 TTL电平对时方式接口测试

（1）规范要求：① 被测主时钟应具有BNC同轴端子接口；② 规约报文中应带有年、月、日、时、分、秒、锁星状态标识等基本信息。

（2）测试框图：如图8－23所示。

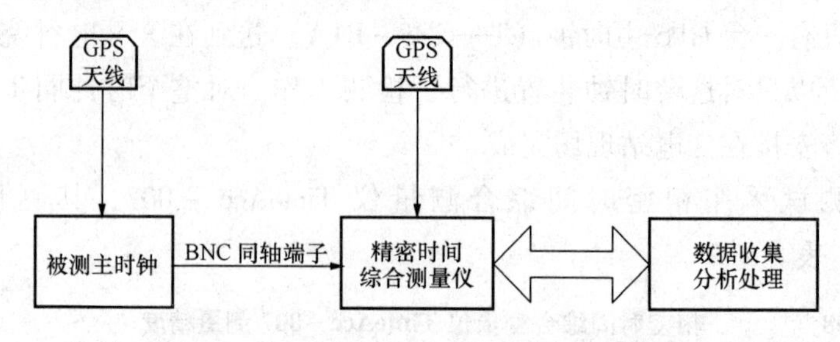

图8－23 TTL电平对时方式接口测试框图

（3）测试步骤：将被测主时钟通过BNC同轴端子连接到精密时间综合测量仪，通过测试仪观察验证被测主时钟报文输出符合所要求的格式，且核对标准时间源其时间一致，另包括基本格式测试、标志位测试。

（4）测试结果：T－GPS－B1A装置未配置TTL电平对时输出接口。

8.4.2.2 空触点对时方式接口测试

（1）规范要求：① 被测主时钟应具有TWIN－BNC接口；② 规约报文中应带有年、月、日、时、分、秒、锁星状态标识等基本信息。

（2）测试框图：如图8－24所示。

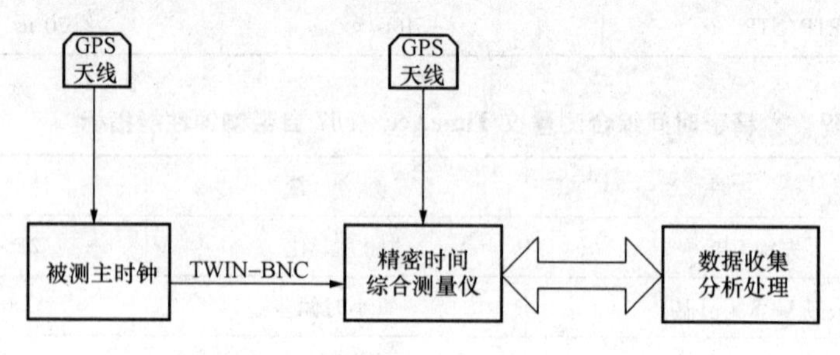

图8－24 空触点对时方式接口测试框图

（3）测试步骤：将被测主时钟通过TWIN－BNC连接到精密时间综合测量仪，通过测试仪观察验证被测主时钟报文输出符合所要求的格式，且核对标准时间源其时间一致，另包括基本格式测试、标志位测试。

8.4.2.3　RS485/RS422 差分对时方式接口测试

（1）规范要求：① 被测主时钟应具有 TWIN – BNC 接口；② 规约报文中应带有年、月、日、时、分、秒、锁星状态标识等基本信息。

（2）测试框图：与空触点对时方式接口测试相同，如图 8 – 24 所示。

（3）测试步骤：将被测主时钟通过 TWIN – BNC 连接到精密时间综合测量仪，通过测试仪观察验证被测主时钟报文输出符合所要求的格式，且核对标准时间源其时间一致，另包括基本格式测试、标志位测试。

（4）测试结果：T – GPS – B1A 装置未配置串行差分对时输出接口。

8.4.2.4　脉冲信号对时方式接口测试

（1）规范要求：① 被测主时钟应具有 ST 光纤头接口；② 规约报文中应带有年、月、日、时、分、秒、锁星状态标识等基本信息。

（2）测试框图：如图 8 – 25 所示。

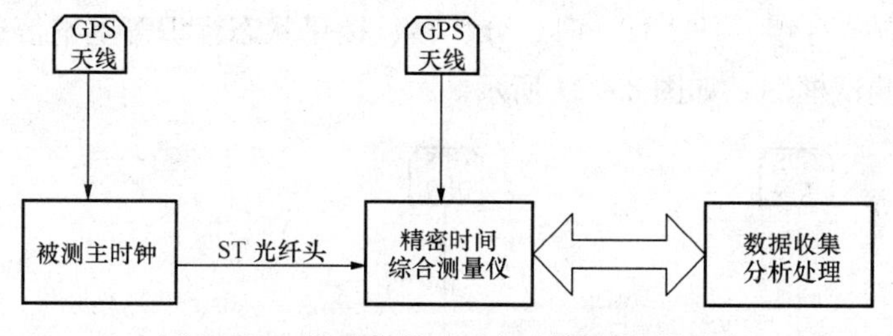

图 8 – 25　脉冲信号对时方式接口测试框图

（3）测试步骤：将被测主时钟通过 ST 光纤头连接到精密时间综合测量仪的光口，通过测试仪观察验证被测主时钟报文输出符合所要求的格式，且核对与标准时间源时间的时间差，另包括基本格式测试、标志位测试。

（4）测试结果：T – GPS – B1A 装置未配置脉冲对时信号输出接口。

8.4.2.5　IRIG—B 码对时方式接口测试

（1）规范要求：

被测主时钟至少应带有一路直流 IRIG – B 码接口光纤，采用 1kHz 的正弦波作为载频进行幅度调制，对最近的 1s 进行编码，其占用最大通道带宽为 3kHz。其数据格式遵循 IEEE 1344：1995 规定的 IRIG – B 时间码新格式，帧内内容包括年份、天、时、分、秒及控制信息等。IRIG – B 交流同步准确度应≤20μs；IRIG – B（DC）直流偏置信号接口，其准时上升沿的时间准确度应≤1μs。

（2）测试框图：如图8－26所示。

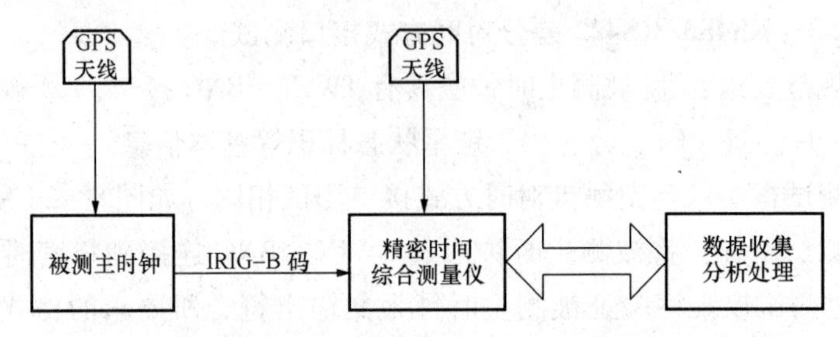

图8－26　IRIG—B码对时方式接口测试框图

（3）测试步骤：将被测主时钟通过光纤连接到精密时间综合测量仪的光口上，通过测试仪观察验证被测主时钟报文输出符合所要求的格式，且核对与标准时间源之间的时间差，另包括基本格式测试、标志位测试。

8.4.2.6　串口对时方式接口测试

（1）规范要求：① 被测主时钟应具有RS232串行数据接口；② 串口规约报文中应带有年、月、日、时、分、秒、锁星状态标识等基本信息。

（2）测试框图：如图8－27所示。

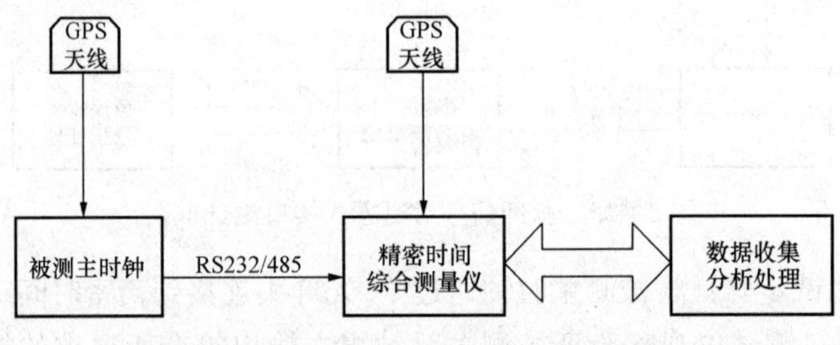

图8－27　串口对时方式接口测试框图

（3）测试步骤：① 将被测主时钟通过串口RS232连接到精密时间综合测试仪，通过测试仪观察串口报文符合格式要求规定，且与标准时间源核对其时间差；② 拔去主时钟天线测试串口报文中锁星状态标识变位，并测试其他相关信息，如工频。

8.4.3　时钟同步系统功能测试

8.4.3.1　状态指示功能测试

（1）电源状态指示：装置面板上电源状态指示绿灯常亮。

（2）外部时间基准信号指示：通过观察，装置外部时钟基准信号指示绿灯常亮，去掉外部时间基准信号，观察装置灯灭。

（3）当前使用的时间基准信号指示：通过观察，装置当前使用的时间基准信号指示绿灯常亮，切换外部时钟基准信号，观察装置仍然正确指示。

（4）年、月、日、时、分、秒（北京时间）指示：通过观察，装置有背景时间的时、分、秒显示，并与标准时钟对比，显示正确。

8.4.3.2 同步时钟守时功能

经过24h守时测试，误差低于1ms，满足规程要求。

8.4.3.3 告警输出功能

（1）测试内容：

1）电源失电报警。

2）异常报警。

3）失步报警。

4）B码丢失。

（2）合格判据：

1）断开T－GPS－B1A装置直流220V电源，装置后面板上的“失电告警”输出触点“闭合”。上电后同步时间需要23.38s。

2）断开GPS天线与T－GPS－B1A装置的连接，装置后面板上的“失步告警”输出触点“闭合”。重新同步时间8.43s。

3）中断对T－GPS－B1A装置的IRIG－B码输入信号，装置后面板上的“失步告警”输出触点“闭合”。

8.4.3.4 从时钟传输延时补偿功能

（1）测试方法：按主从时间同步系统连接主时钟和从时钟，测量主时钟输出的1PPS和从时钟输出的1PPS之间的时间差。

连接主时钟和从时钟之间的线缆长度会影响补偿性能。采用自动补偿方式的从时钟，应测试3种以上长度组合条件下的传输延时补偿：对采用手动补偿方式的从时钟，设定3个不同的补偿时间值进行测试。

（2）合格判据：经过3种补偿方法测试，从时钟传输延时补偿功能符合规程要求。

8.4.3.5 时间同步系统组成测试

（1）基本式时间同步系统试验：不需此项测试。

（2）主从式时间同步系统整组试验：主从式时间同步系统整组试验结果正常，可以投运。

（3）主备式时间同步系统整组试验：不需此项测试。

8.4.4 测试结论

检测产品 KEHUI T - GPS - B1A 电力系统同步时钟，产品编号为 20111023363，各项指标符合 DL/T 1100.1—2009《电力系统的时间同步系统 第1部分：技术规范》要求。

参 考 文 献

[1] 丁广鑫．智能变电站建设技术．北京：中国电力出版社，2011.
[2] 刘振亚．智能电网技术．北京：中国电力出版社，2010.
[3] 刘振亚．智能电网知识读本．北京：中国电力出版社，2010.
[4] 高翔．数字化变电站应用技术．北京：中国电力出版社，2008.
[5] 高新华．数字化变电站技术丛书　测试分册．北京：中国电力出版社，2010.
[6] 冯军．智能变电站原理及测试技术．北京：中国电力出版社，2011.